Le matematiche – 1

Giuseppe Furnari

NUOVO CALCOLO SENZA LIMITI SUPERARE GLI INFINITESIMI

© 2013 by Giuseppe Furnari
Ultima Edizione Definitiva

All rights reserved. No part of this book may be used or reproduced in any manner whatsoever without written permission, except in the case of brief quotations embodied in critical articles or reviews. Cover design, art work and graphics by author.

ISBN 978-1-291-40050-2

© 2009 by Giuseppe Furnari
Prima Edizione su Lulu.com
CALCOLO SENZA LIMITI
ISBN 978-1-4452-2193-9

Immagine in quarta di copertina
rilasciata in **pubblico dominio**
http://it.wikipedia.org/wiki/Pubblico_dominio
http://en.wikipedia.org/wiki/File:EuclidStatueOxford.jpg

Libro catalogato su
http://www.lulu.com/spotlight/giuseppefurnari,
dove può essere commentato.
Stampato e distribuito da lulu.com.

alle mie figlie

Maddalena e Marta

NUOVO CALCOLO SENZA LIMITI

CALCOLO SENZA LIMITI	01
IL CALCOLO INFINITESIMALE	07
CASISTICA: DERIVATE di FUNZIONI	19
APPROSSIMAZIONI DI ORDINE SUPERIORE - SERIE DI TAYLOR	25
LIMITI di $\sin(x)/x$ e $\tan(x)/x$	33
FUNZIONI TRIGONOMETRICHE	37
FUNZIONI IPERBOLICHE LIMITI di $\sinh(x)/x$ e $\tanh(x)/x$	43
CASISTICA: FUNZIONI IPERBOLICHE	48
REGOLE DI DERIVAZIONE	55
FUNZIONI INVERSE	63

IL CALCOLO INFINITESIMALE OGGI   *73*

FUNZIONI MOSTRUOSE   *83*

indice analitico   *99*

bibliografia   *101*

CALCOLO SENZA LIMITI

Gli "infinitesimi" da cui prende il nome il calcolo infinitesimale ovvero *"il calcolo"* furono sfiorati dagli antichi greci che non riuscirono mai a padroneggiarli pienamente e forse nemmeno a comprenderli del tutto, con il loro limitarsi alle costruzioni con riga e compasso ed agli enti finiti, e con la scarsa padronanza del criterio del continuum.

Se i pitagorici, e poi Aristotele (384 – 322 a.C.), descrivevano il punto pitagorico come **unità dotata di posizione nello spazio**, anticipando idee "cartesiane", Zenone reagiva da filosofo con i suoi ragionamenti paradossali di forte sapore metafisico.

Archimede di Siracusa (287 – 212 a.C.), con il suo metodo di esaustione, giunse praticamente ad anticipare il calcolo integrale, come nella sua quadratura del segmento parabolico o nel volume del segmento di ellissoide o di paraboloide.

I procedimenti non finiti venivano disapprovati dai greci, e per questo neppure il sommo Archimede giunse al concetto di **limite** di una funzione, pur giungendone così vicino: piuttosto utilizzò dimostrazioni con duplice ***reductio ad absurdum***.

Egli giunge anche a calcolare la superficie ed il volume della sfera, dopo una serie di teoremi tra i quali uno equivaleva ad integrare la funzione seno.

Apollonio nelle sue Coniche impiega ***rette di riferimento*** come il diametro di una conica e la tangente ad una sua estremità, e su di esse misura le distanze. Questo equivale certamente ad una *geometria analitica* rudimentale che anticipa di 18 secoli quella cartesiana. Inoltre formula alcune equazioni di curve, seppure solo tramite espressioni verbali, ma manca in effetti un sistema di coordinate preesistente: esse vengono sovrapposte alle varie curve per migliorarne lo studio.

Dopo aver raggiunto risultati così elevati, per la matematica e la scienza greca giunge il declino e l'oscurità. Per i Cristiani – che per opporsi alla cultura pagana mettevano in ridicolo matematica, astronomia e fisica – era vietato contaminarsi con la cultura greca. Appena poterono, non solo bruciarono l'ultima grande raccolta di opere greche (300.000 manoscritti) ma agirono alla stessa maniera per tutto l'Impero attaccando ed assassinando i pagani: la matematica di fama *Ipazia* (370 – 415) fu fatta a pezzi nelle strade di Alessandria.

E nel 529 anche nell'Impero Romano d'Oriente vennero chiuse tutte le scuole greche, a partire dall'Accademia e dalle scuole filosofiche di Atene.

Il colpo fatale fu dato dalla conquista dell'Egitto da parte dei Musulmani di Omar che tenevano in conto un solo libro, il Corano: i bagni di Alessandria furono quindi scaldati bruciando rotoli di pergamena per più di sei mesi.

Solo dopo un millennio la matematica e le scienze alessandrine son potute rifiorire, e solo grazie al diffondersi delle opere antiche riscoperte in qualche traduzione latina o ritradotte da interpretazioni arabe.

Dopo i contatti con la cultura greca a seguito delle crociate, ci fu un grande interesse e diversi studiosi furono finanziati da principi ed ecclesiastici per ricercare le opere più importanti in Sicilia, Nordafrica, Spagna, Medio Oriente. Inoltre furono poi tolte agli Arabi la Sicilia e Toledo.

Leonardo Pisano (1170 – 1250), noto come Fibonacci, primo matematico degno di nota in Europa, aveva appreso l'aritmetica nel Nordafrica.

Quindi nel Rinascimento l'algebra ebbe un notevole impulso e questo favorì la geometria analitica dell'Età moderna, mentre, ad esempio, Apollonio di Perga (262 a.C. – 190 a.C.) era appesantito dell'algebra tutta geometrica dell'Età classica.

I greci non concepirono una definizione adeguata per la tangente ad una curva in un determinato suo punto; al più la retta per tale punto era disposta in maniera che non fosse possibile tracciarne altre tra di essa e la curva in questione.

Ma anche sulle tangenti e le normali alle coniche Apollonio diede diversi teoremi, sotto forma di teoremi di massimi e minimi. Questi studi favorirono certamente quelli sulle traiettorie dei pianeti nei **Principia** di Newton (1642 – 1727); nasceva la Gravitazione Universale.

L'*annus mirabilis* di Newton fu il 1666: con la dimostrazione del **teorema del binomio**, la sua **teoria del colore** che contrappose a quella di Goethe, l'invenzione del **calcolo infinitesimale** la cui priorità contese lungamente con Leibniz (1646 – 1716).

IL CALCOLO INFINITESIMALE

Il calcolo infinitesimale consiste di due parti importanti, entrambe dovute sia a Newton che a Leibniz: la derivazione e l'integrazione. Nella derivazione rientra il concetto di limite di una funzione, introdotto successivamente, che ha permesso di governare meglio i controversi infinitesimi.

Il problema più classico che ha dato impulso all'invenzione del calcolo infinitesimale è stato quello delle tangenti ad una curva, al quale è equivalente quello della determinazione della velocità istantanea di un punto in movimento.

Naturalmente si fa uso costante delle coordinate cartesiane e della descrizione algebrica di una curva y = f(x) sul piano cartesiano.

Nella figura seguente è rappresentata la tipica ricerca della tangente ad una curva nel suo punto A vista come una sua corda AB quando il punto B si approssima sempre più al punto A.

Il punto B" si distingue dal punto A tramite due "incrementi" Δx e Δy, paralleli agli assi cartesiani, che devono tendere a zero trasformandosi negli infinitesimi dx e dy.

Posto che sia $m_\alpha = \tan(\alpha)$ il coefficiente angolare della retta tangente cercata, per la secante avremo:

$$m_{\beta"} = \tan(\beta") = \frac{\Delta y}{\Delta x} = \frac{f(z+h)-f(z)}{h};$$

questo viene chiamato **rapporto incrementale**, ed alla fine, quando la secante diventa tangente, otterremo

$$m_\alpha = \tan(\alpha) = \frac{dy}{dx} = f'(x) \quad .$$

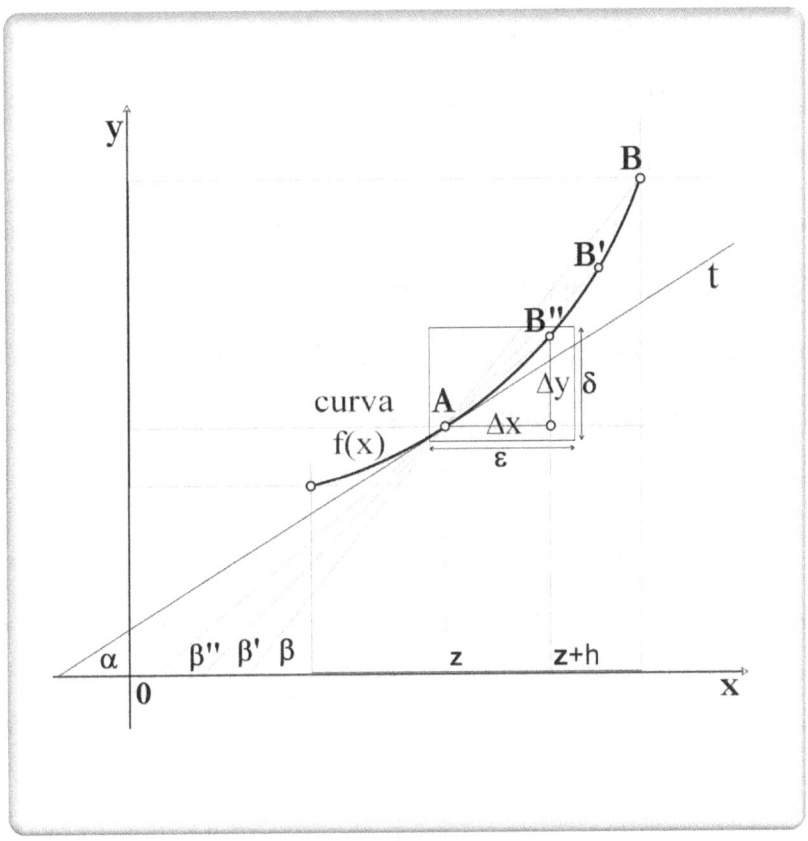

Figura 1 – Rapporto Incrementale:
al limite la secante si sovrappone alla tangente

Tuttavia gli infinitesimi **dx** e **dy**, introdotti da Leibniz, risultano essere delle entità imprecisabili e praticamente ingestibili, in quanto non possono valere zero, altrimenti il loro rapporto **dy/dx = 0/0** non avrebbe alcun valore definito, e non possono essere diversi da zero, altrimenti la secante non può identificarsi con la tangente. Proprio di questo tipo fu la critica che il vescovo e filosofo Berkeley mosse contro i sostenitori del calcolo infinitesimale, il quale peraltro funzionava perfettamente quanto misteriosamente. Berkeley le chiamava "quantità evanescenti" e le sue critiche erano fondate.

Se poi si passa ad un esempio pratico di calcolo, come nel caso in cui la funzione che rappresenta la curva sia $y = f(x) = x^2$, avremo facilmente

$$m_\alpha = \tan(\alpha) = \frac{dy}{dx} = \frac{(z+dx)^2 - z^2}{dx} =$$

$$= \frac{z^2 + 2zdx + dx^2 - z^2}{dx} = \frac{(2z+dx)dx}{dx} = 2z + dx$$

ed a questo punto si elimina il **dx** considerandolo, appunto, un infinitesimo, tendente a diventare **dx = 0**.

Però solo dopo aver "semplificato" il rapporto **dx/dx** considerandolo sempre uguale ad uno e mai tendente a **dx/dx = 0/0** !

Così otteniamo il coefficiente angolare

$$\mathbf{m_\alpha = tan(\alpha) = f\,'(x) = 2z}$$

ovvero, nel caso si tratti della legge del moto in funzione del tempo, cioè spazio(t) = s(t) = t^2, otteniamo per la velocità **vel = s'(t) = 2t**. Ma le critiche del vescovo Berkeley esplosero ancor di più a seguito delle operazioni effettuate con i valori dx o dt, ed in particolare per la "semplificazione" come se dx o dt fossero finiti, mentre dopo li si eliminava considerandoli infinitesimi a tutti gli effetti.

Occorse più di un secolo per superare il problema con l'approccio di Karl Weierstrass che sfruttava il concetto di limite, appena introdotto da Augustin-Louis Cauchy (1760 – 1848), inteso come approssimazione migliorabile "quanto si voglia".

Con la notazione introdotta, attualmente in uso, si indica il limite dei rapporti incrementali senza più utilizzare gli infinitesimi se non nella simbologia che indica l'operazione di derivazione $y' = f'(x) = dy/dx$. Anzi, Weierstrass introdusse il concetto di **doppio limite**, per restringere l'area in cui debbono trovarsi i due punti A e B che individuano la secante/tangente oppure precisano il senso di velocità istantanea: debbono trovarsi entro un intorno ε piccolo a piacere in direzione orizzontale (asse x o t) nonché entro un intorno δ piccolo a piacere in direzione verticale (asse y od s).

Ma appena si esplicita chiaramente il concetto di doppio limite – teoria statica della variabile – in cui non appare il richiamo alla secante che si approssima alla tangente, ecco che riappaiono gli infinitesimi! Sono proprio ε e δ, che non possono ovviamente restare finiti, ma nemmeno possono annullarsi del tutto, altrimenti i soliti punti A e B coinciderebbero e non potrebbero individuare alcuna linea retta.

Semplicemente, in questo modo gli infinitesimi ε e δ non intervengono in operazioni algebriche né in semplificazioni, ma **mascherano** le operazioni algebriche e le semplificazioni che vengono effettuate apparentemente solo su "incrementi finiti", ma sotto la simbologia del limite!

Eppure, esiste il modo di ricavare analiticamente l'equazione della tangente alla curva in un suo punto qualsiasi. E quindi, considerando l'espressione algebrica per il suo coefficiente angolare, si riesce a ricavare la derivata della curva stessa. Allo stesso modo con cui si trova, ad esempio, la tangente ad un cerchio, e cioè facendo sistema delle due equazioni.

Ad esempio, per la curva $y = f(x) = x^2$, dati i suoi punti $A(z, y_0)$ [ovvero, classicamente $A(x_0, y_0)$] e $B'(x_1, y_1)$, avremo

$$\frac{y - y_0}{x - z} = \frac{y_1 - y_0}{x_1 - z}$$

da cui $y(x_1 - z) - y_0(x_1 - z) = (y_1 - y_0)(x - z)$

ovvero $y(x_1 - z) = y_0 x_1 - \cancel{y_0 z} + y_1 x - y_1 z - y_0 x + \cancel{y_0 z}$

ed infine

$$\boxed{y = \frac{y_1 - y_0}{x_1 - z} x + \frac{y_0 x_1 - y_1 z}{x_1 - z}}$$

dove il coefficiente della **x** è il coefficiente angolare della secante AB', e nel caso degli spazi percorsi il valore istantaneo della velocità, mentre l'espressione

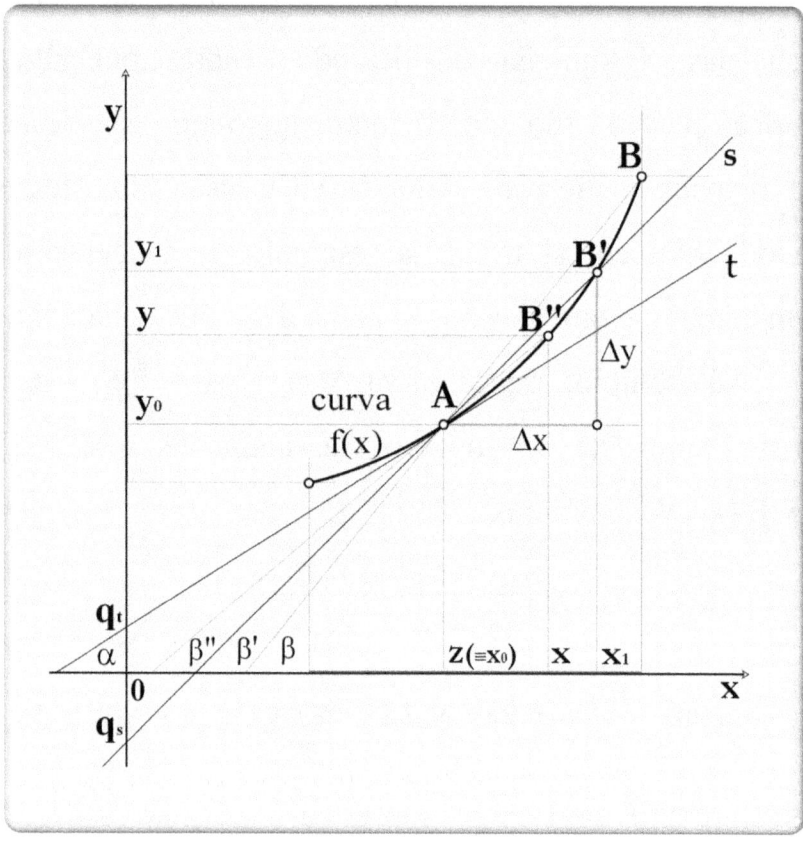

del termine noto è l'intersezione della secante con l'asse **y**, di solito indicata con **q**.

Si può anche scrivere formalmente

$$(1) \quad y = \frac{f(x_1) - f(z)}{x_1 - z} x + \frac{f(z) x_1 - f(x_1) z}{x_1 - z}$$

Tale espressione **(1)**, che rappresenta la nostra secante per A e B', può essere **sempre** utilizzata **per qualsiasi f(x)**.

Nel nostro caso specifico sostituiamo **f(x)** con **x²** ottenendo

$$y = \frac{x_1^2 - z^2}{x_1 - z} x + \frac{z^2 x_1 - x_1^2 z}{x_1 - z} =$$

$$= \frac{(x_1 + z)(x_1 - z)}{x_1 - z} x - \frac{x_1 z (x_1 - z)}{x_1 - z} =$$

$$= (x_1 + z) x - x_1 z$$

ed a questo punto abbiamo anche il caso in cui B' coincide con A sostituendo x_1 con z ed ottenendo l'equazione della nostra tangente **t**:

$$y = 2z\, x - z^2$$

Data una generica retta $y = mx + q$, avremo in particolare: $m_{sec} = x_1 + z$, $q_{sec} = -x_1 z$; $m_{tan} = 2z$, $q_{tan} = -z^2$.

Una volta risolto il problema della tangente, la cui equazione lineare nella variabile x è $y = 2zx - z^2$ per ogni particolare punto A (z = costante), possiamo considerare come varia il coefficiente angolare della tangente al variare del valore di z, cioè in corrispondenza del punto A che stavolta si muove sulla curva in questione.

L'espressione per il coefficiente angolare è quindi **m(z) = 2z**, ovvero, tornando alle classiche espressioni della variabile indipendente indicata come x oppure come t (tempo), è:

$$y = f(x) = x^2, \quad y' = f'(x) = d\,f(x)/dx = 2x;$$

$$s = s(t) = t^2, \quad vel = s'(t) = d\,s(t)/dt = 2t;$$

E risulta facile verificare che, nel caso in cui la curva rappresenti la legge del moto di un punto materiale, l'espressione che descrive il variare della velocità istantanea del punto stesso in funzione del tempo t è

$$s'(t) = d\,s(t)/dt = 2t$$

In questo modo risultano risolti in maniera rigorosa sia il problema della tangente che quello della velocità istantanea, superando tutte le contraddizioni e qualsiasi incongruenza.

Per meglio evidenziare quello che si è ottenuto, mi sembra utile considerare il metodo di Weierstrass come tutto interno alla falsa[*] logica di Zenone quando propone la sua famosa gara tra Achille e la tartaruga. Quando Achille raggiunge la posizione della tartaruga che era partita con un vantaggio, quest'ultima ha già percorso un tratto ulteriore che a sua volta Achille percorrerà, per trovarsi però la tartaruga sempre avanti a lui di un altro ulteriore tratto, e così via all'infinito. Allora Achille, dovendo superare infiniti piccoli tratti, non potrà raggiungere la tartaruga.

[*] Vedi "Zenone Confutato" nel mio "Da Zenone a Cantor".

Similmente, non si potrà mai formalmente risolvere né il problema delle tangenti né quello della velocità istantanea, che ci si provi con gli infinitesimi di Newton e Leibniz o con il doppio limite di Weierstrass: il punto B non potrà mai raggiungere il punto A; e se lo raggiungesse sarebbero un unico punto e non si potrebbe tracciare la tangente né calcolare la velocità istantanea, perché si ottiene **0/0**.

Sappiamo bene, però, che è facilissimo *far sistema* delle due semplici relazioni lineari per il moto alla velocità di Achille e per quello alla velocità della tartaruga, tenendo conto del suo vantaggio alla partenza, e quindi calcolare esattamente la posizione e l'istante in cui Achille effettivamente raggiunge la tartaruga. Lo potrebbe fare chiunque di noi.

Esattamente allo stesso modo, se impostiamo il sistema in modo da prendere in considerazione la retta secante che passi per i punti A e B, e lo risolviamo operando le sostituzioni che fanno coincidere A e B, otteniamo analiticamente *l'equazione della tangente* alla curva nel suo punto A.

Estrapolando poi l'espressione ottenuta per il coefficiente angolare della tangente, otteniamo, in funzione della variabile **x** l'espressione per la *velocità istantanea*, che è finalmente la nostra *derivata*.

Non ci resta che provare altri casi di curve:

$$y = f(x) = x^4$$

partendo dalla (1) e sostituendo la f(x)

$$y = \frac{x_1^4 - z^4}{x_1 - z} x + \frac{z^4 x_1 - x_1^4 z}{x_1 - z} =$$

$$= \frac{(x_1^2 + z^2)(x_1 + z)(x_1 - z)}{x_1 - z} x - \frac{x_1 z (x_1^3 - z^3)}{x_1 - z} =$$

$$= (x_1^2 + z^2)(x_1 + z) x - x_1 z (z x_1^2 + x_1 z + z^2)$$

sostituendo poi x_1 con z

$$y = (2 z^2)(2 z) x - z^2 (z^2 + z^2 + z^2),$$
$$y = 4 z^3 x - 3 z^4$$

ed infine

$$y = f(x) = x^4, \quad y' = f'(x) = d\,f(x)/dx = 4 x^3;$$

$$s = s(t) = t^4, \quad vel = s'(t) = d\,s(t)/dt = 4 t^3;$$

$$y = f(x) = x^n$$

partendo dalla (1) e sostituendo la f(x)

$$y = \frac{x_1^n - z^n}{x_1 - z} x + \frac{z^n x_1 - x_1^n z}{x_1 - z} =$$

$$= \frac{\left(x_1^{n-1} + x_1^{n-2} z + \ldots + z^{n-1}\right)(x_1 - z)}{x_1 - z} x - \frac{x_1 z \left(x_1^{n-1} - z^{n-1}\right)}{x_1 - z} =$$

$$= \left(x_1^{n-1} + x_1^{n-2} z + \ldots + z^{n-1}\right) x - x_1 z \left(x_1^{n-2} + x_1^{n-3} z + \ldots + z^{n-2}\right)$$

sostituendo poi x_1 con z

$$y = (n\, z^{n-1})\, x - z^2 (z^{n-2} + z^{n-2} + z^{n-2} + \ldots),$$

$$y = \mathbf{n\, z^{n-1}}\, x - (n-1)\, z^n$$

ed infine

$y = f(x) = x^n,\qquad y' = f'(x) = d\,f(x)/dx = n\,x^{n-1};$
$s = s(t) = t^n,\qquad \text{vel} = s'(t) = d\,s(t)/dt = n\,t^{n-1};$

$$y = f(x) = \sqrt{x}$$

partendo dalla (1) e sostituendo la f(x)

$$y = \frac{\sqrt{x_1} - \sqrt{z}}{x_1 - z} x + \frac{\sqrt{z}x_1 - \sqrt{x_1}z}{x_1 - z} =$$

$$= \frac{\sqrt{x_1} - \sqrt{z}}{(\sqrt{x_1} + \sqrt{z})(\sqrt{x_1} - \sqrt{z})} x + \frac{\sqrt{x_1}\sqrt{z}(\sqrt{x_1} - \sqrt{z})}{(\sqrt{x_1} + \sqrt{z})(\sqrt{x_1} - \sqrt{z})} =$$

$$= \frac{1}{(\sqrt{x_1} + \sqrt{z})} x + \frac{\sqrt{x_1}\sqrt{z}}{(\sqrt{x_1} + \sqrt{z})}$$

sostituendo poi x_1 con z

$$y = \frac{1}{2\sqrt{z}} x + \frac{\sqrt{z}}{2} \quad \text{ed infine}$$

$$\boxed{\begin{array}{c} y = f(x) = \sqrt{x}, \quad y' = \dfrac{df(x)}{dx} = \dfrac{1}{2\sqrt{x}}; \\[2ex] vel = s'(t) = \dfrac{1}{2\sqrt{t}}; \end{array}}$$

$$y = f(x) = \frac{1}{x}$$

partendo dalla (1) e sostituendo la f(x)

$$y = \frac{\dfrac{1}{x_1} - \dfrac{1}{z}}{x_1 - z} x + \frac{\dfrac{1}{z}x_1 - \dfrac{1}{x_1}z}{x_1 - z} =$$

$$= \frac{1}{x_1 z} \frac{z - x_1}{x_1 - z} x + \frac{1}{x_1 z} \frac{x_1^2 - z^2}{x_1 - z} = -\frac{1}{x_1 z} x + \frac{x_1 + z}{x_1 z}$$

sostituendo poi x_1 con z

$$y = -\frac{1}{z^2} x + \frac{2}{z} \quad \text{ed infine}$$

$$\boxed{\begin{array}{c} y = f(x) = \dfrac{1}{x}, \quad y' = f'(x) = \dfrac{df(x)}{dx} = -\dfrac{1}{x^2}; \\[2ex] vel = s'(t) = -\dfrac{1}{t^2}; \end{array}}$$

$$y = f(x) = \ln_a(x) \quad y = f(x) = \ln(x)$$

partendo dalla (1) e sostituendo la f(x)

$$y = \frac{\ln_a(x_1) - \ln_a(z)}{x_1 - z} x + \frac{\ln_a(z) x_1 - \ln_a(x_1) z}{x_1 - z} =$$

$$= \frac{\ln_a\left(\frac{x_1}{z}\right)}{x_1 - z} x + q = \frac{z}{z} \ln_a\left[\left(\frac{x_1}{z}\right)^{\frac{1}{x_1 - z}}\right] x + q =$$

$$= \frac{1}{z} \ln_a\left[\left(1 + \frac{x_1 - z}{z}\right)^{\frac{z}{x_1 - z}}\right] x + q$$

In questo caso indichiamo con q l'intersezione della tangente con l'asse y senza calcolarla, limitandoci a ricavare l'espressione per il suo coefficiente angolare m_α che è quello che ci interessa perché corrisponde alla derivata che cerchiamo.

Inoltre, occorre ricordare che il particolare numero trascendente *e* è per sua propria natura e definizione l'espressione di un limite:

$$e = \lim_{n \to \infty}\left(1+\frac{1}{n}\right)^n = 2{,}718281828459045\ldots$$

Sostituendo x_1 con z non assegniamo il valore ∞ all'esponente $(\cdots)^{\frac{z}{x_1-z}}$ ma, in questo caso, possiamo operare il passaggio al limite proprio perché qui siamo di fronte all'esatta definizione di *e*.

Quindi:

$$y = \frac{1}{z}\ln_a(e)x + q;$$

per $a = e$: $\quad y = \dfrac{1}{z}\ln_e(e)x + q = \dfrac{1}{z}x + q$

ed infine

$$\boxed{\begin{array}{l} y = f(x) = \ln_a(x), \;\; y' = \dfrac{df(x)}{dx} = \dfrac{1}{x}\ln_a(e), \;\; vel = s'(t) = \dfrac{1}{t}\ln_a(e); \\[2ex] y = f(x) = \ln_e(x), \quad y' = \dfrac{df(x)}{dx} = \dfrac{1}{x}, \quad vel = s'(t) = \dfrac{1}{t}. \end{array}}$$

APPROSSIMAZIONI DI ORDINE SUPERIORE

SERIE DI TAYLOR FUNZIONI TRIGONOMETRICHE

Come avevano già intuito i greci affermando che tra la tangente ad una curva e la curva stessa non possono essere inserite altre rette, l'equazione della tangente approssima analiticamente nel punto A quella della curva, e noi possiamo proseguire nell'indagine sia qualitativamente che quantitativamente.

Anzitutto, diciamo che l'approssimazione tramite tangente è di tipo lineare, proprio perché la tangente è una linea retta.

Come si vede nella figura che segue, una volta indicato con Δx l'incremento della variabile indipendente, l'incremento corrispondente secondo la curva f(x) sarà Δy; a questo punto possiamo chiamare dy l'incremento lineare secondo la tangente, e possiamo chiamare $\varepsilon_1 \Delta x$ la differenza tra questi due incrementi; intuitivamente – limitandoci ad un semplice tratto di curva ad andamento monotono – se Δx tende a diminuire progressivamente la stessa cosa tenderà a fare ε_1, e di conseguenza $\varepsilon_1 \Delta x$ tenderà a diminuire in maniera più che lineare, cioè secondo un ordine "superiore", in modo che complessivamente il segmento dy + $\varepsilon_1 \Delta x$ approssimerà esattamente la nostra curva y = f(x).

Il termine dy viene chiamato *differenziale* della funzione f(x), sottintendendo che si tratta di un differenziale **lineare**.

Allora il corrispondente differenziale lineare secondo la variabile x non può che coincidere con l'incremento $\Delta x = dx$.

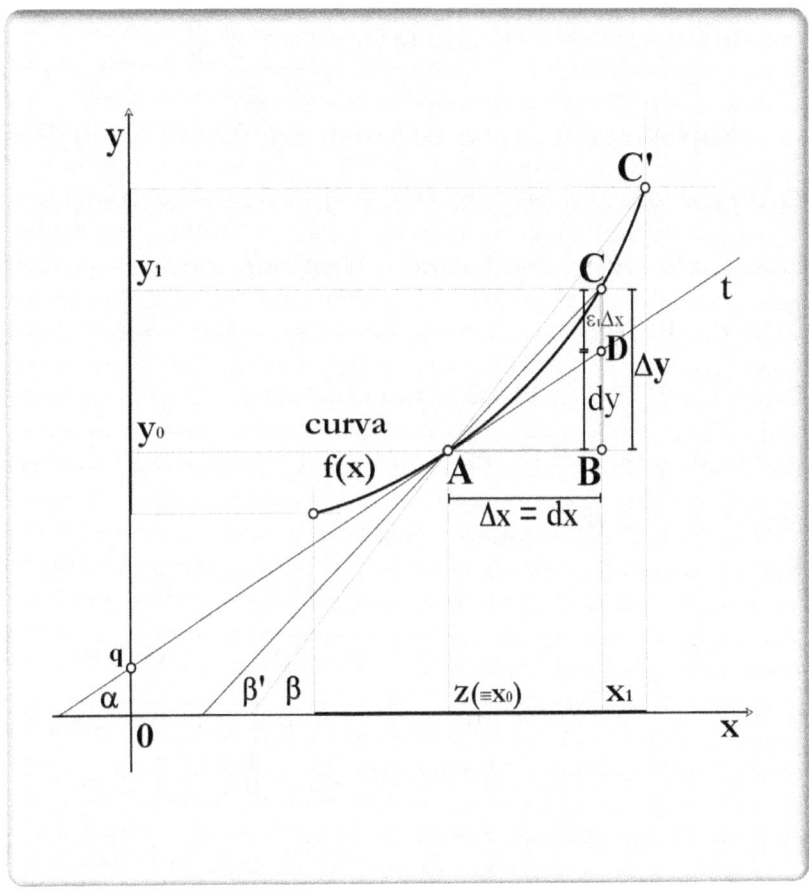

Trattandosi appunto di differenziali lineari secondo la tangente, il loro rapporto è costante e coincide con la derivata; per questo motivo è uso corrente scrivere:

$$\dot{y} = y' = f'(x) = \frac{df(x)}{dx} = \frac{dy}{dx}$$

per indicare la derivata della funzione f(x).

I differenziali dy e dx sono tipici delle *equazioni differenziali*, importantissime in fisica matematica. Esse sono delle equazioni *funzionali*, proprio perché l'incognita da trovare è la stessa funzione f(x), essendo note piuttosto le relazioni tra di essa e le sue derivate di diverso ordine, oppure tra le diverse derivate tra loro.

Dato che sono frequentissimi i casi in cui non si riesce a risalire alle soluzioni, si riescono a calcolare le soluzioni approssimate proprio attraverso i differenziali lineari dy e dx, partendo da determinati valori iniziali. Il metodo è detto degli incrementi finiti, e la sua precisione dipende da quanto si riesce a rendere piccolo l'incremento, compatibilmente con le capacità di calcolo del calcolatore impiegato.

Ulteriori considerazioni molto interessanti possono essere fatte quando si prova a ricercare approssimazioni migliori di quella lineare della nostra tangente, a cui sembra alludere il nostro incremento di ordine superiore $\varepsilon_1 \Delta x$.

Se l'ascissa del nostro punto di tangenza A è z, allora l'equazione della tangente sarà

$$p_1(x) = f(z) + f'(z)(x - z)$$

dove indichiamo l'equazione con $p_1(x)$ per mettere in evidenza che si tratta di un polinomio di primo grado. Si può verificare facilmente che tale polinomio nel punto A[z, f(z)] coincide con la f(x), dato che assume gli stessi valori; ed inoltre, naturalmente, in A ha la stessa derivata.

Analogamente, non è difficile scegliere un polinomio, questa volta di secondo grado, che nello stesso punto A abbia in comune con la f(x) i valori, la derivata prima ed anche la derivata seconda; esso sarà

$$p_2(x) = f(z) + f'(z)(x - z) + f''(z)/2!\,(x - z)^2.$$

E si può proseguire coinvolgendo derivate della f(x) di grado sempre più alto, se esistono, ottenendo la famosa *formula di Taylor* – che risale al 1715 – per lo sviluppo in serie di potenze:

$$f(x) \approx p_n(x) = f(z) + f'(z)(x-z) + f''(z)/2!\,(x-z)^2 + \ldots + f^n(z)/n!\,(x-z)^n.$$

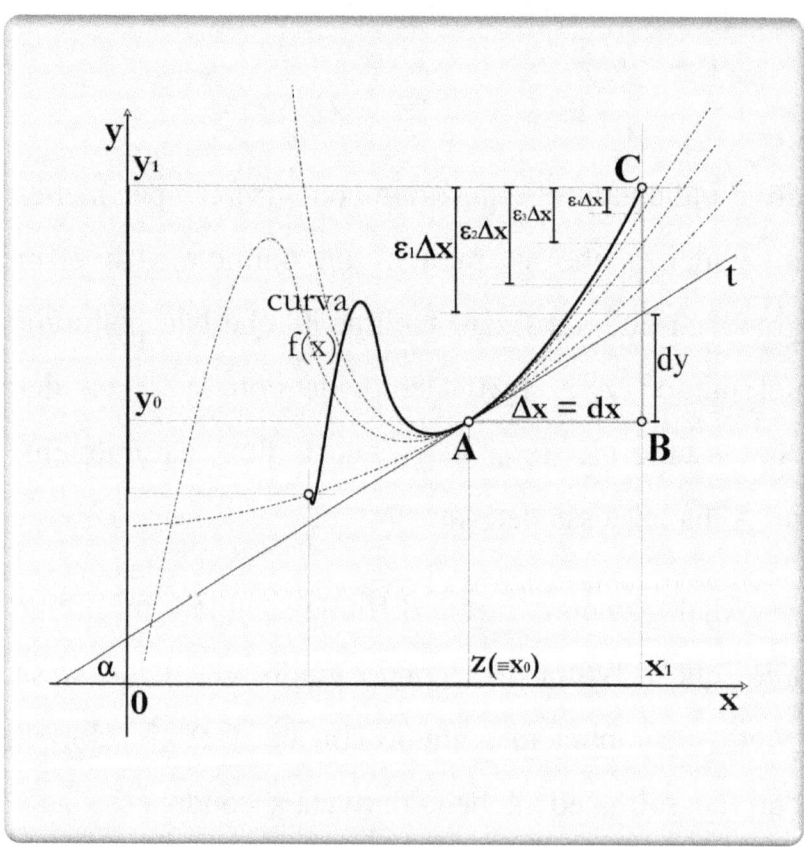

N.B. qui la formula di Taylor (data nel 1715) non viene dimostrata, ma solo illustrata geometricamente.

Come si può valutare dal grafico, si ottiene man mano un'approssimazione in A sempre migliore, ovvero di ordine sempre più grande, ottenendo gli incrementi sempre più rapidamente decrescenti $\varepsilon_1 \Delta x$, $\varepsilon_2 \Delta x$, $\varepsilon_3 \Delta x$, $\varepsilon_4 \Delta x$ ... $\varepsilon_n \Delta x$: la differenza quando z si avvicina ad A decrescerà più rapidamente di $(x - z)^n$. Infatti il cosiddetto *resto*, valutato in un intorno del punto A e non esattamente in A perché in tale punto la funzione f(x) ed il suo sviluppo di Taylor in serie di potenze necessariamente coincidono, è dell'ordine di $(x - z)^n/(n + 1)!$.

Prima di passare alle derivate delle funzioni trigonometriche è opportuno esaminare le relazioni che intercorrono tra i valori di sin(x), x e tan(x) dove x, in radianti, è l'argomento su cui si calcolano i valori sin(x) e tan(x), eventualmente utilizzando sviluppi in serie di Taylor.

Nel caso si consideri il cerchio di raggio unitario, come in figura, x è l'arco su cui insistono sin(x) e tan(x).

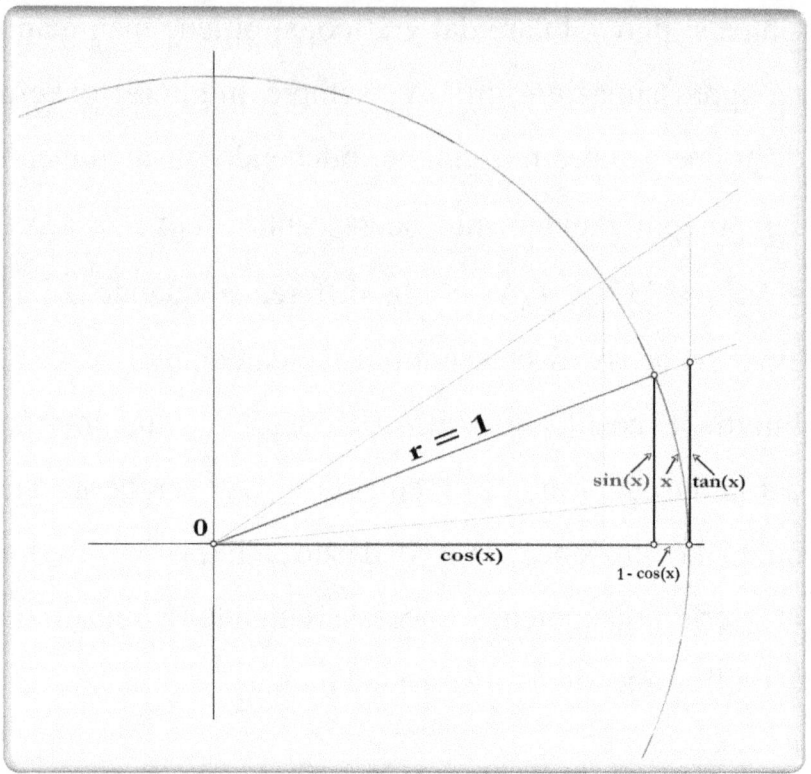

È immediatamente evidente la relazione d'ordine

$\sin(x) < x < \tan(x)$,

od anche, dato che è $x > 0$

$$\frac{\sin(x)}{x} < 1 < \frac{\tan(x)}{x}, \quad \frac{\sin(x)}{x} - 1 < 0 < \frac{\tan(x)}{x} - 1$$

Attesa l'evidenza che per valori sempre più piccoli dell'argomento $\varepsilon = x$ sono anche sempre più piccoli i valori $\varepsilon_1 = \sin(x)$, $\varepsilon_2 = \tan(x)$ ed $\varepsilon_3 = 1 - \cos(x)$, tenuto conto che $\sin(0) = \tan(0) = 0$ e $\cos(0) = 1$, si può cercare di valutare la differenza $\tan(x) - \sin(x)$ semplicemente scrivendo:

$$\tan(x) - \sin(x) = \tan(x)\,[\,1 - \cos(x)\,] = \varepsilon_2 * \varepsilon_3.$$

Questo ci dice che la differenza $\tan(x) - \sin(x)$ tende a diminuire con una velocità "di ordine superiore", al punto di poter scrivere $\sin(\varepsilon) \approx \varepsilon \approx \tan(\varepsilon)$ intendendo come "infinitamente vicino" il significato del simbolo "$\approx$", alla maniera dell'Analisi Non-Standard. È quindi anche $\sin(\varepsilon)/\varepsilon \approx 1 \approx \tan(\varepsilon)/\varepsilon$.

Una conferma si ha direttamente considerando che, per $\varepsilon > 0$, $\sin(\varepsilon) < \varepsilon < \tan(\varepsilon)$ diventa subito

$$1 < \frac{\varepsilon}{\sin(\varepsilon)} < \frac{1}{\cos(\varepsilon)}$$

ovvero $1 > \dfrac{\sin(\varepsilon)}{\varepsilon} > \cos(\varepsilon)$ oppure $\dfrac{1}{\cos(\varepsilon)} > \dfrac{\tan(\varepsilon)}{\varepsilon} > 1$

ma è fuor di dubbio che $\cos(\varepsilon) \approx \cos(0) = 1$

da cui inevitabilmente **sin(ε)/ε** $\approx$ 1 e contemporaneamente **tan(ε)/ε** $\approx$ 1.

Nel grafico che segue, in cui sono rappresentate sia sin(x)/x che tan(x)/x, si vede chiaramente che entrambe tendono a valere 1 per piccoli valori della variabile x.

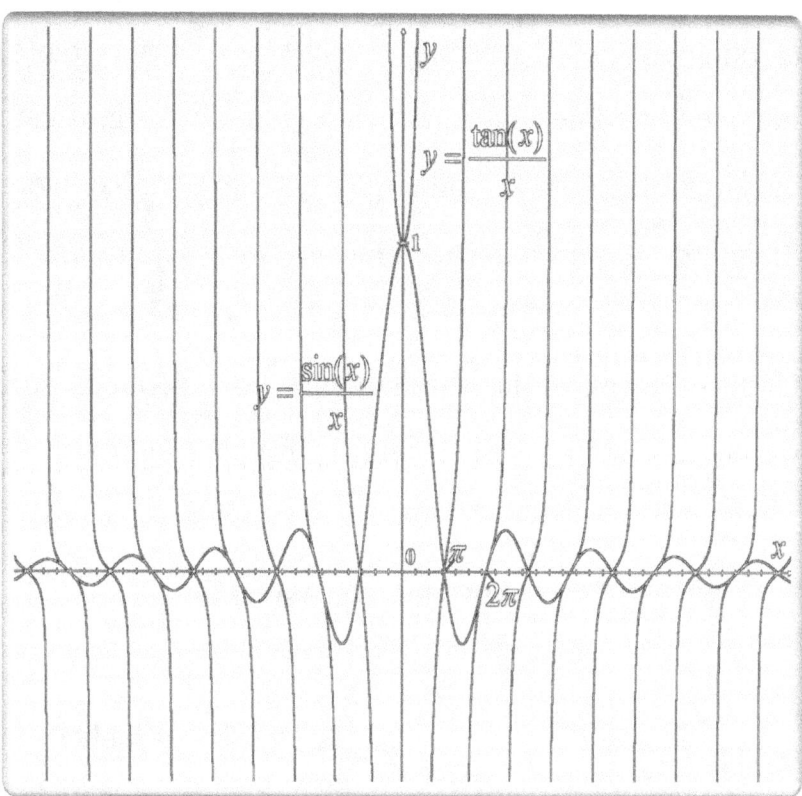

Un'ulteriore conferma si può estrapolare – a posteriori! – considerando gli sviluppi in serie di Taylor per sin(x) e tan(x), che sono:

$$\sin(x) = x - \frac{1}{3!}x^3 + \frac{1}{5!}x^5 - \frac{1}{7!}x^7 + \ldots$$

$$\tan(x) = x + \frac{1}{3}x^3 + \frac{2}{15}x^5 + \frac{17}{315}x^7 + \ldots$$

da cui

$$\frac{\sin(x)}{x} = 1 - \frac{1}{3!}x^2 + \frac{1}{5!}x^4 - \frac{1}{7!}x^6 + \ldots$$

$$\frac{\tan(x)}{x} = 1 + \frac{1}{3}x^2 + \frac{2}{15}x^4 + \frac{17}{315}x^6 + \ldots$$

deducendo quindi **sin(ε)/ε ≈ 1** e **tan(ε)/ε ≈ 1** con un'approssimazione *del secondo ordine*.

Questo è "visibile" nel seguente grafico, dove sin(x)/x e tan(x)/x sono confrontate con le parabole a loro prossime $y = 1 - \frac{1}{3!}x^2$ ed $y = 1 + \frac{1}{3}x^2$.

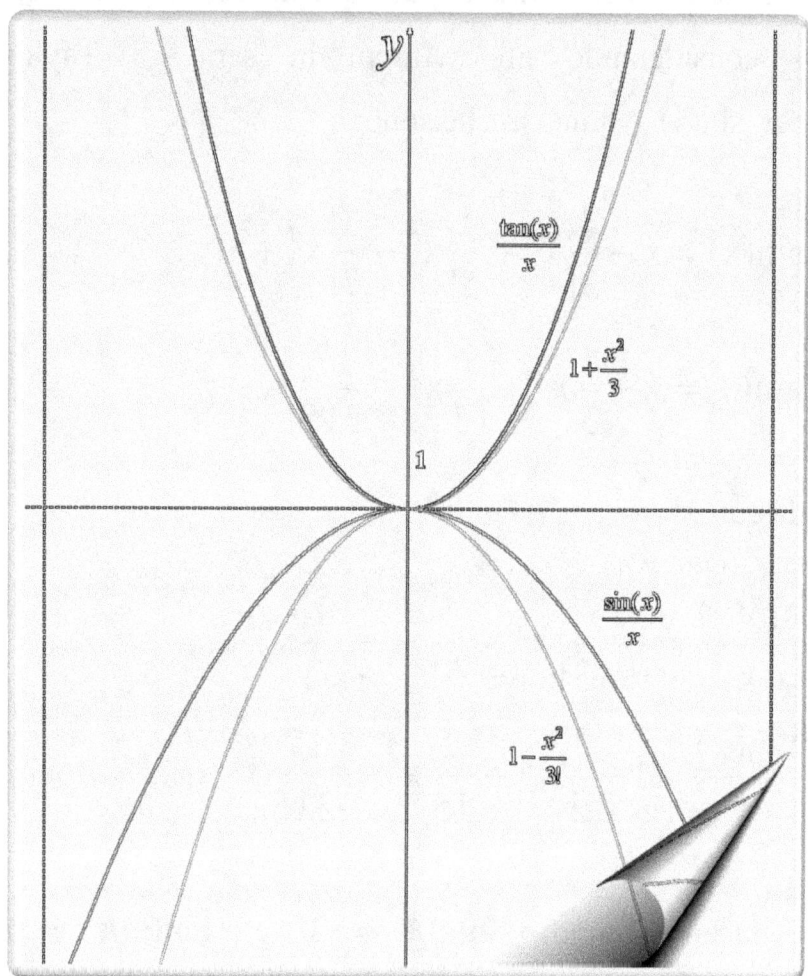

Ed infine

$$\tan(x) - \sin(x) = \left(\frac{1}{3} + \frac{1}{3!}\right)x^3 + \left(\frac{2}{15} - \frac{1}{5!}\right)x^5 + \left(\frac{17}{315} + \frac{1}{7!}\right)x^7 + \ldots$$

cioè **tan(ε) − sin(ε) ≈ 0** con un'approssimazione *del terzo ordine*.

Mentre è

$$\frac{\tan(x)-\sin(x)}{x} = \left(\frac{1}{3}+\frac{1}{3!}\right)x^2 + \left(\frac{2}{15}-\frac{1}{5!}\right)x^4 + \left(\frac{17}{315}+\frac{1}{7!}\right)x^6 + ...$$

cioè **sin(ε)/ε** ≈ **tan(ε)/ε** ≈ **1** sempre con una approssimazione *del secondo ordine*.

A questo punto possiamo proseguire con le *funzioni trigonometriche*:

$$y = f(x) = \sin(x)$$

partendo sempre dalla (1) e sostituendo la f(x)

$$y = \frac{\sin(x_1)-\sin(z)}{x_1-z}x + \frac{\sin(z)x_1 - \sin(x_1)z}{x_1-z} =$$

$$= \frac{\left\{2\cos\left(\frac{x_1+z}{2}\right)\sin\left(\frac{x_1-z}{2}\right)\right\}}{x_1-z}x + q$$

sostituendo poi x_1 con z

$$y = \frac{\left\{\cos\left(\frac{2z}{2}\right)\sin\frac{x_1-z}{2}\right\}}{\frac{x_1-z}{2}} x + q = \cos(z)\frac{\sin(\varepsilon)}{\varepsilon} x + q$$

$$y = \cos(z)\, x + q$$

provi il lettore che
q = sin(z) – z cos(z)

ed infine

$$y = f(x) = \sin(x), \quad y' = f'(x) = d\,f(x)/dx = \cos(x),$$

$$vel = s'(t) = \cos(t)$$

$$y = f(x) = \cos(x)$$

partendo sempre dalla (1) e sostituendo la f(x)

$$y = \frac{\cos(x_1) - \cos(z)}{x_1 - z} x + \frac{\cos(z)x_1 - \cos(x_1)z}{x_1 - z} =$$

$$= \frac{\left\{2\sin\left(\frac{x_1+z}{2}\right)\sin\left(\frac{z-x_1}{2}\right)\right\}}{x_1 - z} x + q$$

sostituendo poi x_1 con z

$$y = \frac{\left\{-\sin\left(\frac{2z}{2}\right)\sin\left(\frac{x_1-z}{2}\right)\right\}}{\frac{x_1-z}{2}} x + q = -\sin(z)\frac{\sin(\varepsilon)}{\varepsilon} x + q$$

quindi $y = -\sin(z)\, x + q$, ed infine

$$\boxed{\begin{array}{c} y = f(x) = \cos(x), \quad y' = d\,f(x)/dx = -\sin(x), \\[4pt] vel = s'(t) = -\sin(t) \end{array}}$$

$y = f(x) = \tan(x)$

partendo sempre dalla (1) e sostituendo la f(x)

$$y = \frac{\tan(x_1) - \tan(z)}{x_1 - z} x + \frac{\tan(z)x_1 - \tan(x_1)z}{x_1 - z} =$$

$$= \frac{\dfrac{\sin(x_1)}{\cos(x_1)} - \dfrac{\sin(z)}{\cos(z)}}{x_1 - z} x + \frac{\dfrac{\sin(z)}{\cos(z)}x_1 - \dfrac{\sin(x_1)}{\cos(x_1)}z}{x_1 - z} =$$

$$= \frac{\left\{\dfrac{\sin(x_1)\cos(z) - \sin(z)\cos(x_1)}{\cos(x_1)\cos(z)}\right\}}{x_1 - z} x + q =$$

$$= \frac{\left\{\dfrac{\sin(x_1 - z)}{\cos(x_1)\cos(z)}\right\}}{x_1 - z} x + q$$

sostituendo poi x_1 con z :

$$y = \frac{1}{\cos^2(z)} \frac{\sin(x_1 - z)}{x_1 - z} x + q =$$

$$= \frac{1}{\cos^2(z)} \frac{\sin(\varepsilon)}{\varepsilon} x + q;$$

$y = 1/\cos^2(z)\ x\ +\ q\ =\ \sec^2(z)\ x\ +\ q$

ed infine

$y = f(x) = \tan(x),\quad y' = d\,f(x)/dx = 1/\cos^2(x)$,

$vel = s'(t) = 1/\cos^2(t)$

$y = f(x) = \cot(x)$

partendo sempre dalla (1) e sostituendo la f(x)

$$y = \frac{\cot(x_1) - \cot(z)}{x_1 - z}x + \frac{\cot(z)x_1 - \cot(x_1)z}{x_1 - z} =$$

$$= \frac{\dfrac{\cos(x_1)}{\sin(x_1)} - \dfrac{\cos(z)}{\sin(z)}}{x_1 - z} x + q =$$

$$= \frac{\dfrac{\cos(x_1)\sin(z) - \cos(z)\sin(x_1)}{\sin(x_1)\sin(z)}}{x_1 - z} x + q =$$

$$= -\frac{\dfrac{\sin(x_1)\cos(z) - \sin(z)\cos(x_1)}{\sin(x_1)\sin(z)}}{x_1 - z} x + q =$$

$$= \frac{\dfrac{\sin(x_1 - z)}{\sin(x_1)\sin(z)}}{x_1 - z} x + q$$

sostituendo poi x_1 con z

$$y = -\frac{1}{\sin^2(z)} \frac{\sin(x_1 - z)}{x_1 - z} x + q =$$

$$-\frac{1}{\sin^2(z)} \frac{\sin(\varepsilon)}{\varepsilon} x + q$$

$$y = -1/\sin^2(z)\ x + q = -\csc^2(z)\ x + q$$

ed infine

$$y = f(x) = \cot(x), \quad y' = d\,f(x)/dx = -1/\sin^2(x),$$

$$vel = s'(t) = -1/\sin^2(t).$$

FUNZIONI IPERBOLICHE

Anche qui, prima di passare alle derivate delle funzioni iperboliche è opportuno, eventualmente utilizzando sviluppi in serie di Taylor, esaminare le relazioni che intercorrono tra i valori di sinh(x), x e tanh(x), dove x è l'argomento su cui se ne calcolano i valori tramite la funzione esponenziale e^x.

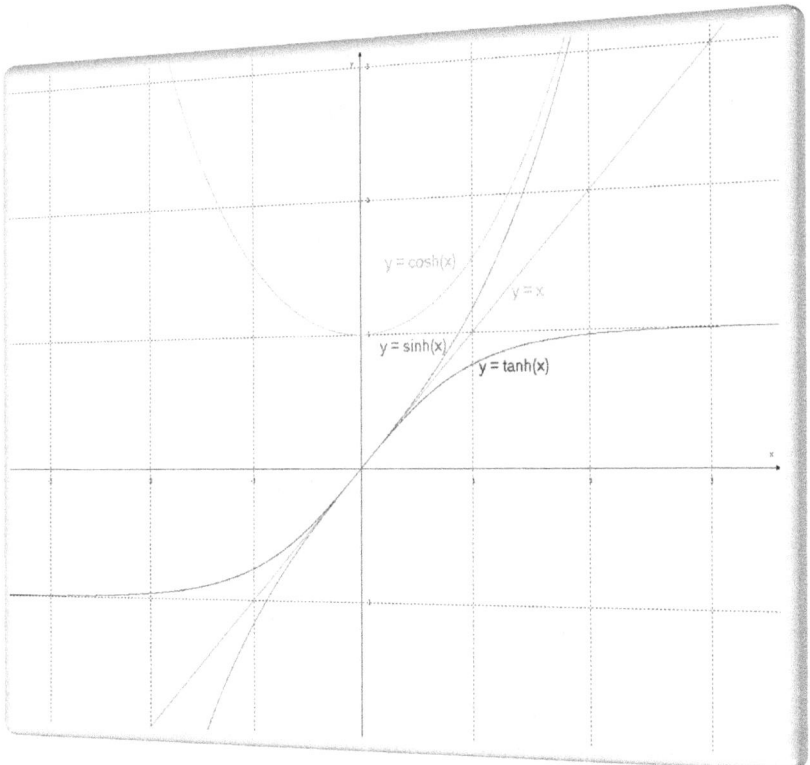

Dal grafico è immediatamente evidente la relazione d'ordine

$$\tanh(x) < x < \sinh(x),$$

od anche

$$\frac{\tanh(x)}{x} < 1 < \frac{\sinh(x)}{x}, \quad \frac{\tanh(x)}{x} - 1 < 0 < \frac{\sinh(x)}{x} - 1.$$

Attesa l'evidenza che per valori sempre più piccoli dell'argomento $\varepsilon = x$ sono anche sempre più piccoli i valori $\varepsilon_1 = \sinh(x)$, $\varepsilon_2 = \tanh(x)$ ed $\varepsilon_3 = \cosh(x) - 1$, tenuto conto che $\sinh(0) = \tanh(0) = 0$ e $\cosh(0) = 1$, si può cercare di valutare la particolare differenza $\sinh(x) - \tanh(x)$ semplicemente scrivendo:

$$\sinh(x) - \tanh(x) = \tanh(x)[\cosh(x) - 1] = \varepsilon_2 * \varepsilon_3.$$

Questo ci dice che la differenza $\sinh(x) - \tanh(x)$ tende a diminuire con una "velocità d'ordine superiore", al punto da poter scrivere

$$\sinh(\varepsilon) \approx \varepsilon \approx \tanh(\varepsilon).$$

È quindi anche $\sinh(\varepsilon)/\varepsilon \approx 1 \approx \tanh(\varepsilon)/\varepsilon$.

Una conferma si ha direttamente considerando che, per $\varepsilon > 0$,

$\tanh(\varepsilon) < \varepsilon < \sinh(\varepsilon)$

diventa subito $\quad \dfrac{1}{\cosh(\varepsilon)} < \dfrac{\varepsilon}{\sinh(\varepsilon)} < 1$

ovvero $\quad \cosh(\varepsilon) > \dfrac{\sinh(\varepsilon)}{\varepsilon} > 1$

oppure $\quad 1 > \dfrac{\tanh(\varepsilon)}{\varepsilon} > \dfrac{1}{\cosh(\varepsilon)}$

ma è fuor di dubbio che $\cosh(\varepsilon) \approx 1$ da cui inevitabilmente **$\sinh(\varepsilon)/\varepsilon \approx 1$** e contemporaneamente **$\tanh(\varepsilon)/\varepsilon \approx 1$**.

Nel grafico che segue, in cui sono rappresentate sia $\sinh(x)/x$ che $\tanh(x)/x$, si vede chiaramente che entrambe tendono a valere 1 per piccoli valori della variabile x.

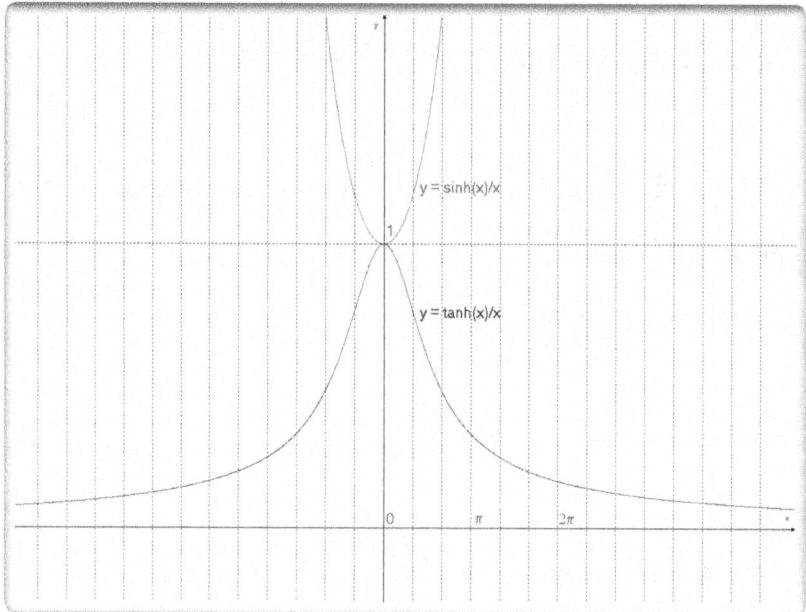

Per un'ulteriore conferma si possono considerare – sempre a posteriori – gli sviluppi in serie di Taylor per sinh(x) e tanh(x), che sono:

$$\sinh(x) = x + \frac{1}{3!}x^3 + \frac{1}{5!}x^5 + \frac{1}{7!}x^7 + \ldots$$

$$\tanh(x) = x - \frac{1}{3}x^3 + \frac{2}{15}x^5 - \frac{17}{315}x^7 + \ldots$$

da cui

$$\frac{\sinh(x)}{x} = 1 + \frac{1}{3!}x^2 + \frac{1}{5!}x^4 + \frac{1}{7!}x^6 + \ldots$$

$$\frac{\tanh(x)}{x} = 1 - \frac{1}{3}x^2 + \frac{2}{15}x^4 - \frac{17}{315}x^6 + \ldots$$

deducendo quindi $\sinh(\varepsilon)/\varepsilon \approx 1$ e $\tanh(\varepsilon)/\varepsilon \approx 1$

con un'approssimazione *del secondo ordine*.

Ed infine

$$\sinh(x)-\tanh(x)=\left(\frac{1}{3!}+\frac{1}{3}\right)x^3+\left(\frac{1}{5!}-\frac{2}{15}\right)x^5+\left(\frac{1}{7!}+\frac{17}{315}\right)x^7+\ldots$$

cioè $\sinh(\varepsilon) - \tanh(\varepsilon) \approx 0$

con un'approssimazione *del terzo ordine*.

Mentre

$$\frac{\sinh(x)-\tanh(x)}{x}=\left(\frac{1}{3!}+\frac{1}{3}\right)x^2+\left(\frac{1}{5!}-\frac{2}{15}\right)x^4+\left(\frac{1}{7!}+\frac{17}{315}\right)x^6+\ldots$$

cioè $\sinh(\varepsilon)/\varepsilon \approx \tanh(\varepsilon)/\varepsilon \approx 1$,

sempre con un'approssimazione *del secondo ordine*.

A questo punto possiamo proseguire con le *funzioni iperboliche*:

$y = f(x) = \sinh(x)$

partendo sempre dalla (1) e sostituendo la f(x)

$$y = \frac{\sinh(x_1) - \sinh(z)}{x_1 - z} x + \frac{\sinh(z) x_1 - \sinh(x_1) z}{x_1 - z} =$$

$$= \frac{\left\{2 \cosh\left(\frac{x_1 + z}{2}\right) \sinh\left(\frac{x_1 - z}{2}\right)\right\}}{x_1 - z} + q$$

sostituendo poi x_1 con z

$$y = \frac{\left\{\cosh\left(\frac{2z}{2}\right) \sinh\left(\frac{x_1 - z}{2}\right)\right\}}{\frac{x_1 - z}{2}} x + q =$$

$$= \cosh(z) \frac{\sinh(\varepsilon)}{\varepsilon} x + q$$

$y = \mathbf{cosh(z)}\ x\ +\ q$ ed infine

$$\boxed{y = f(x) = \sinh(x),\quad y' = f'(x) = d\,f(x)/dx = \cosh(x),\\ \text{vel} = s'(t) = \cosh(t)}$$

$y = f(x) = \cosh(x)$

partendo sempre dalla (1) e sostituendo la f(x)

$$y = \frac{\cosh(x_1) - \cosh(z)}{x_1 - z} x + \frac{\cosh(z) x_1 - \cosh(x_1) z}{x_1 - z} =$$

$$= \frac{\left\{ 2 \sinh\left(\frac{x_1 + z}{2}\right) \sinh\left(\frac{x_1 - z}{2}\right) \right\}}{x_1 - z} x + q$$

sostituendo poi x_1 con z

$$y = \frac{\left\{ \sinh\left(\frac{2z}{2}\right) \sinh\left(\frac{x_1 - z}{2}\right) \right\}}{\frac{x_1 - z}{2}} x + q =$$

$$\sinh(z) \frac{\sinh(\varepsilon)}{\varepsilon} x + q$$

$y = $ **sinh(z)** x + q   ed infine

$y = f(x) = \cosh(x), \quad y' = d\,f(x)/dx = \sinh(x),$

$\text{vel} = s'(t) = \sinh(t)$

$y = f(x) = \tanh(x)$

partendo sempre dalla (1) e sostituendo la f(x)

$$y = \frac{\tanh(x_1) - \tanh(z)}{x_1 - z} x + \frac{\tanh(z) x_1 - \tanh(x_1) z}{x_1 - z} =$$

$$= \frac{\frac{\sinh(x_1)}{\cosh(x_1)} - \frac{\sinh(z)}{\cosh(z)}}{x_1 - z} x + q =$$

$$= \frac{\frac{\sinh(x_1)\cosh(z) - \cosh(x_1)\sinh(z)}{\cosh(x_1)\cosh(z)}}{x_1 - z} x + q =$$

$$= \frac{\frac{\sinh(x_1 - z)}{\cosh(x_1)\cosh(z)}}{x_1 - z} + q$$

sostituendo poi x_1 con z

$$y = \frac{1}{\cosh^2(z)} \frac{\sinh(x_1 - z)}{x_1 - z} x + q =$$

$$= \frac{1}{\cosh^2(z)} \frac{\sinh(\varepsilon)}{\varepsilon} x + q$$

$$y = 1/\cosh^2(z) \; x + q = \text{sech}^2(z) \; x + q$$

ed infine

$$y = f(x) = \tanh(x), \quad y' = d\,f(x)/dx = 1/\cosh^2(x),$$

$$\text{vel} = s'(t) = 1/\cosh^2(t)$$

$y = f(x) = \coth(x)$

partendo sempre dalla (1) e sostituendo la f(x)

$$y = \frac{\coth(x_1) - \coth(z)}{x_1 - z} x + \frac{\coth(z)\,x_1 - \coth(x_1)\,z}{x_1 - z} =$$

$$= \frac{\dfrac{\cosh(x_1)}{\sinh(x_1)} - \dfrac{\cosh(z)}{\sinh(z)}}{x_1 - z} x + q =$$

$$= \frac{\dfrac{\cosh(x_1)\sinh(z) - \cosh(z)\sinh(x_1)}{\sinh(x_1)\sinh(z)}}{x_1 - z} x + q =$$

$$= -\frac{\dfrac{\sinh(x_1)\cosh(z) - \cosh(x_1)\sinh(z)}{\sinh(x_1)\sinh(z)}}{x_1 - z} x + q =$$

$$= -\frac{\dfrac{\sinh(x_1-z)}{\sinh(x_1)\sinh(z)}}{x_1-z} x + q$$

sostituendo poi x_1 con z

$$y = -\frac{1}{\sinh^2(z)} \frac{\sinh(x_1-z)}{x_1-z} x + q =$$

$$= -\frac{1}{\sinh^2(z)} \frac{\sinh(\varepsilon)}{\varepsilon} x + q$$

$$y = -1/\sinh^2(z)\ x + q = -\operatorname{csch}^2(z)\ x + q$$

ed infine

$$y = f(x) = \cot(x), \quad y' = d\,f(x)/dx = -1/\sinh^2(x),$$

$$\text{vel} = s'(t) = -1/\sinh^2(t)$$

$$y = f(x) = e^x$$

partendo sempre dalla (1) e sostituendo la f(x)

$$y = \frac{e^{x_1} - e^z}{x_1 - z} x + q = \frac{e^{x_1}\left(1 - \dfrac{e^z}{e^{x_1}}\right)}{x_1 - z} x + q =$$

$$= e^{x_1} \frac{1 - \dfrac{1}{e^{x_1 - z}}}{x_1 - z} x + q = e^{x_1} \frac{e^{z - x_1} - 1}{z - x_1} x + q$$

a questo punto si può tener conto del limite notevole

$$\lim_{t \to 0} \frac{e^t - 1}{t} = 1$$

ove sia $t = z - x_1$, ed ottenere immediatamente con la sostituzione di x_1 con z: $y = e^z + q$, ed infine

$$y = f(x) = e^x, \quad y' = df(x)/dx = e^x, \quad vel = s'(t) = e^t$$

un'ulteriore dimostrazione per la derivata della funzione esponenziale e^x viene presentata a pagina 65 nel capitolo sulle Funzioni Inverse.

REGOLE DI DERIVAZIONE

Quando la funzione y(x)   da derivare è, più o meno semplicemente, composta da due o più funzioni f(x), g(x), h(x) ... si possono ricavare abbastanza facilmente delle regole di derivazione che, supposte calcolabili le funzioni f'(x), g'(x), h'(x) ..., permettono di calcolare anche la y'(x).

Ad esempio, è evidente che se per una data ascissa z, quella del punto A, sommiamo o sottraiamo le funzioni f(x), g(x), h(x) ..., anche i relativi incrementi Δ_f, Δ_g, Δ_h ... si sommano o si sottraggono. Lo stesso avverrà per i corrispondenti differenziali lineari d_f, d_g, d_h ... che corrispondono direttamente alle relative derivate.

Quindi avremo per la

somma

se   y(x) = f(x) + g(x) + h(x) ...   allora

$$y'(x) = \frac{dy(x)}{dx} =$$

$$= \frac{\{f(x)+g(x)+h(x)+...+d_f+d_g+d_h+...-[f(x)+g(x)+h(x)+...]\}}{dx} =$$

$$= \frac{d_f+d_g+d_h+...}{dx} = \frac{df(x)}{dx}+\frac{dg(x)}{dx}+\frac{dh(x)}{dx}+...$$

cioè

$$\boxed{y'(x) = f'(x) + g'(x) + h'(x) \,...}$$

Analogamente avremo per la

differenza

se $y(x) = f(x) - g(x)$ allora

$$y'(x) = \frac{dy(x)}{dx} = \frac{\{f(x) - g(x) + d_f - d_g - [f(x) - g(x)]\}}{dx} =$$

$$= \frac{d_f - d_g}{dx} = \frac{df(x)}{dx} - \frac{dg(x)}{dx}$$

cioè

$$\boxed{y'(x) = f'(x) - g'(x)}$$

e per il

prodotto

se $y(x) = f(x) * g(x)$ allora

$$y'(x) = \frac{dy(x)}{dx} = \frac{[f(x) + d_f] \cdot [g(x) + d_g] - f(x)g(x)}{dx} =$$

$$= \frac{\cancel{f(x)\cdot g(x)} + f(x)\cdot d_g + g(x)\cdot d_f + \cancel{d_f \cdot d_g} - \cancel{f(x)\cdot g(x)}}{dx} =$$

$$= \frac{f(x)\cdot d_g + g(x)\cdot d_f}{dx} = f(x)\cdot \frac{d_g}{dx} + g(x)\cdot \frac{d_f}{dx}$$

cioè

$$\boxed{y'(x) = f(x)*g'(x) + g(x)*f'(x)}$$

e, come caso particolare, dato che la derivata di una costante è nulla:

prodotto per una costante

se $\quad y(x) = c * f(x) \quad$ allora

$$\boxed{y'(x) = c * f'(x)}$$

rapporto

se $\quad y(x) = f(x) / g(x) \quad$ allora

$$y'(x) = \frac{dy(x)}{dx} = \frac{\left\{\dfrac{f(x)+d_f}{g(x)+d_g} - \dfrac{f(x)}{g(x)}\right\}}{dx} =$$

$$= \frac{\left\{\dfrac{f(x)g(x)+g(x)d_f - f(x)g(x) - f(x)d_g}{\left(g(x)+d_g\right)g(x)}\right\}}{dx} =$$

$$= \frac{\left\{\dfrac{g(x)d_f - f(x)d_g}{g(x)g(x)}\right\}}{dx} = \frac{1}{g(x)^2}\frac{g(x)d_f - f(x)d_g}{dx} =$$

$$= \frac{1}{g(x)^2}\left[g(x)\frac{d_f}{dx} - f(x)\frac{d_g}{dx}\right]$$

cioè

$$\boxed{\; y'(x) = \frac{g(x) * f'(x) - f(x) * g'(x)}{g(x)^2} \;}$$

e, come caso particolare, dato che la derivata di una costante è nulla:

divisione per una costante

se $\quad y(x) = f(x) / c \quad$ allora

$$y'(x) = c * f'(x) / c^2 = f'(x) / c$$

infine, per una funzione di funzione, avremo:

funzione composta

se $\quad y(x) = f [g(x)] \quad$ allora

$$y'(x) = \frac{dy(x)}{dx} = \frac{dy(x)}{dg(x)} \frac{dg(x)}{dx} = \frac{df[g(x)]}{dg(x)} \frac{dg(x)}{dx}$$

cioè

$$y'(x) = f'(x)_{dg(x)} * g'(x)_{dx}$$

e, nel caso di funzioni di funzioni a catena, in breve per le

funzioni a catena

$$y(x) = f\{g[h(x)]\}$$

$$y'(x) = f'(x)_{dg[h(x)]} * g'(x)_{dh(x)} * h'(x)_{dx}$$

FUNZIONI INVERSE

Un caso speciale di regole di derivazione è quello relativo alle funzioni inverse, cioè nel caso si abbia $y = f(x)$ in esatta corrispondenza di $x = f^{-1}(y)$.

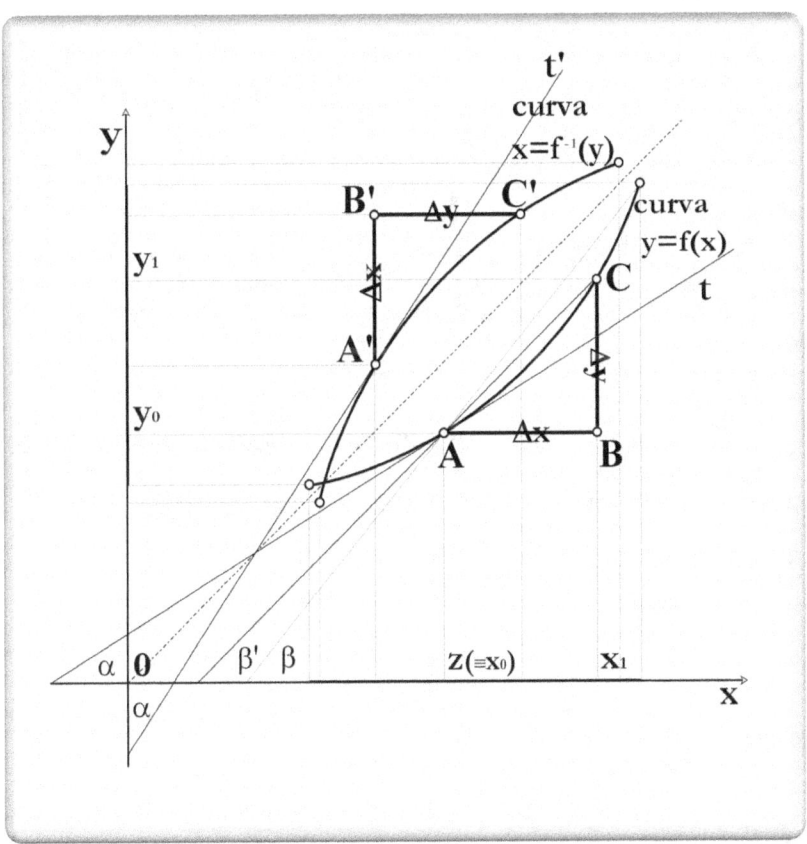

È evidente che risulteranno scambiati gli incrementi Δx e Δy, così come anche i differenziali lineari dx e dy, e di conseguenza avremo

$$y'(x) = \frac{dy(x)}{dx} = \frac{1}{\frac{dx}{dy(x)}} = \frac{1}{\frac{dx(y)}{dy}} = \frac{1}{x'(y)_{dy}}$$

con $x(y) = f^{-1}(y)$

ossia

$$\boxed{y'(x) = \frac{1}{x'(y)_{dy}} = \frac{1}{f^{-1}{}'(y)_{dy}}}$$

Mediante questa regola valida per la derivazione delle funzioni inverse ricaveremo alcune ulteriori derivate.

$$y = f(x) = a^x \qquad y = f(x) = e^x$$

Applicando la regola della derivazione di una funzione inversa, che in questo caso è $x = \ln_a(y)$, otteniamo

$$y'(x) = \frac{1}{x'(y)_{dy}} = \frac{1}{f^{-1'}(y)_{dy}} =$$

$$= \frac{1}{\frac{dx(y)}{dy}} = \frac{1}{\frac{d\ln_a(y)}{dy}} =$$

$$= \frac{1}{\frac{1}{y}\ln_a(e)} = y\ln_e(a) = a^x \ln_e(a)$$

ovvero

$$d\,a^x/dx = a^x \ln_e(a) \qquad \text{e nel caso sia } a = e:$$

$$d\,e^x/dx = e^x$$

$$y = f(x) = a\sin(x)$$

Applicando la regola della derivazione di una funzione inversa, che in questo caso è x = sin(y), otteniamo

$$y'(x) = \frac{1}{x'(y)_{dy}} = \frac{1}{f^{-1}{}'(y)_{dy}} =$$

$$= \frac{1}{\frac{d\sin(y)}{dy}} = \frac{1}{\cos(y)} =$$

$$= \frac{1}{\sqrt{1-\sin^2(y)}} = \frac{1}{\sqrt{1-x^2}}$$

ovvero

$$y' = \frac{d[a\sin(x)]}{dx} = \frac{1}{\sqrt{1-x^2}},$$

$$vel = s'(t) = \frac{1}{\sqrt{1-t^2}}$$

$y = f(x) = a\cos(x)$

Applicando la regola della derivazione di una funzione inversa, che in questo caso è $x = \cos(y)$, otteniamo

$$y'(x) = \frac{1}{x'(y)_{dy}} = \frac{1}{f^{-1}{}'(y)_{dy}} =$$

$$= \frac{1}{\frac{d\cos(y)}{dy}} = \frac{1}{-\sin(y)} =$$

$$= -\frac{1}{\sqrt{1-\cos^2(y)}} = -\frac{1}{\sqrt{1-x^2}}$$

ovvero

$$y' = \frac{d[a\cos(x)]}{dx} = -\frac{1}{\sqrt{1-x^2}},$$

$$vel = s'(t) = -\frac{1}{\sqrt{1-t^2}}$$

y=f(x)=atan(x)

Applicando la regola della derivazione di una funzione inversa, che in questo caso è $x = \tan(y)$, otteniamo

$$y'(x) = \frac{1}{x'(y)_{dy}} = \frac{1}{f^{-1'}(y)_{dy}} =$$

$$= \frac{1}{\frac{d\tan(y)}{dy}} = \frac{1}{\sec^2(y)} = \cos^2(y) =$$

$$= \frac{1}{1+\tan^2(y)} = \frac{1}{1+x^2}$$

ovvero

$$\boxed{\begin{array}{c} y' = \dfrac{d[a\tan(x)]}{dx} = \dfrac{1}{1+x^2}, \\[2ex] vel = s'(t) = \dfrac{1}{1+t^2} \end{array}}$$

$y = f(x) = \operatorname{asinh}(x)$

Applicando la regola della derivazione di una funzione inversa, che in questo caso è $x = \sinh(y)$, otteniamo

$$y'(x) = \frac{1}{x'(y)_{dy}} = \frac{1}{f^{-1}{'}(y)_{dy}} =$$

$$= \frac{1}{\frac{d\sinh(y)}{dy}} = \frac{1}{\cosh(y)} =$$

$$= \frac{1}{\sqrt{1+\sinh^2(y)}} = \frac{1}{\sqrt{1+x^2}}$$

ovvero

$$y' = \frac{d[a\sinh(x)]}{dx} = \frac{1}{\sqrt{1+x^2}},$$

$$vel = s'(t) = \frac{1}{\sqrt{1+t^2}}$$

$y = f(x) = \mathrm{acosh}(x)$

Applicando la regola della derivazione di una funzione inversa, che in questo caso è $x = \cosh(y)$, otteniamo

$$y'(x) = \frac{1}{x'(y)_{dy}} = \frac{1}{f^{-1}{}'(y)_{dy}} =$$

$$= \frac{1}{\dfrac{d\cosh(y)}{dy}} = \frac{1}{\sinh(y)} =$$

$$= \pm \frac{1}{\sqrt{\cosh^2(y)-1}} = \pm \frac{1}{\sqrt{x^2-1}}$$

ovvero

$$y' = \frac{d[a\cosh(x)]}{dx} = \pm \frac{1}{\sqrt{x^2-1}},$$

$$vel = s'(t) = \pm \frac{1}{\sqrt{t^2-1}}$$

$y = f(x) = \operatorname{atanh}(x)$

Applicando la regola della derivazione di una funzione inversa, che in questo caso è $x = \tanh(y)$, otteniamo

$$y'(x) = \frac{1}{x'(y)_{dy}} = \frac{1}{f^{-1}{}'(y)_{dy}} =$$

$$= \frac{1}{\frac{d\tanh(y)}{dy}} = \frac{1}{\operatorname{sech}^2(y)} = \cosh^2(y) =$$

$$= \frac{1}{1 - \tanh^2(y)} = \frac{1}{1 - x^2}$$

ovvero

$$y' = \frac{d[a\tanh(x)]}{dx} = \frac{1}{1-x^2},$$

$$vel = s'(t) = \frac{1}{1-t^2}.$$

IL CALCOLO INFINITESIMALE OGGI

Leibniz affermava che non si dovrebbero sottovalutare troppo i risultati raggiunti nell'antichità: "comprendendo Archimede ed Apollonio, si ammireranno meno i risultati raggiunti successivamente dai più eminenti matematici".

Ed in effetti, ad esempio, si sa che Apollonio doveva essere in grado di determinare una conica mediante cinque punti, ma non ne parla nelle sue *Coniche*.

Sarà poi un argomento importante nei *Principia* di Newton.

È però possibile che Apollonio ne parlasse nel Libro VIII andato perduto, come genericamente aveva anticipato nella prefazione al Libro VII. Purtroppo, grazie a cristiani ed ottomani, ovvero ai maggiori monoteismi, gran parte della matematica antica è andata perduta.

Per quanto riguarda la secolare questione delle grandezze infinitesimali, una traccia molto antica risale ad Euclide; si tratta, nel Libro III dei suoi famosissimi *Elementi*, della **Proposizione 16**: *La retta condotta ad angolo retto all'estremità del diametro di un cerchio, cade fuori dal cerchio, e nello spazio compreso fra la retta e la circonferenza non può essere interposta alcun'altra retta; inoltre l'angolo del semicerchio è maggiore, e l'angolo rimanente minore, di ogni angolo rettilineo acuto.*

Per la prima volta viene preso in considerazione un angolo non rettilineo: l'*"angolo rimanente"*, che Euclide esplicitamente non considera nullo ma *"**minore di ogni angolo rettilineo acuto**"*, ed ha un lato curvilineo, essendo un arco di circonferenza.

Per la sua forma caratteristica i Greci lo hanno chiamato "**angolo a corno**".

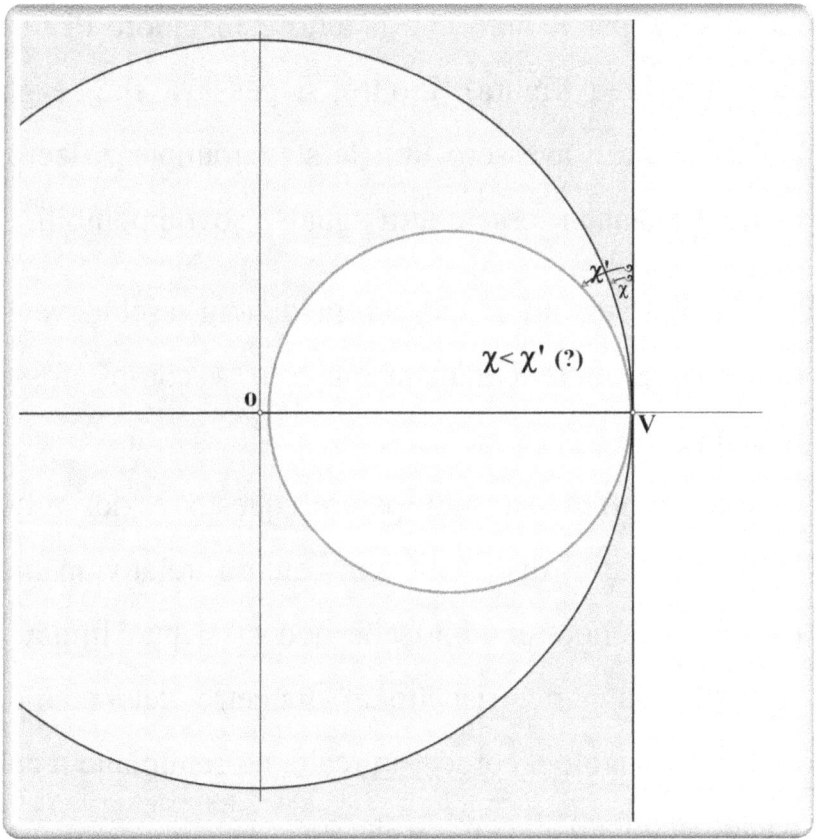

Già classicamente c'è stata attenzione su questo particolare angolo, e Proclo ne parla come di un angolo vero e proprio. La sua ampiezza divenne una questione che fu dibattuta anche nel tardo Medioevo e nel Rinascimento. Se ne occuparono Cardano, Peletier, Vieta, Galileo, Wallis ed altri, che rimanevano perplessi per il fatto che tracciando un cerchio più piccolo l'ampiezza dell'angolo a corno dovrebbe aumentare, per il fatto che il tutto è maggiore di una sua parte (vedi figura). Inoltre, si pensava che se gli angoli a corno avessero tutti la stessa ampiezza zero, dovrebbero anche essere tutti uguali e sovrapponibili.

Altri, a seguito di tali contraddizioni, escludevano che la superficie chiamata "angolo a corno" fosse un angolo.

Ed in effetti, a mio parere, questo è del tutto evidente: basta disegnare un cerchio relativamente piccolo, per notare subito che non ci si può limitare solo da una parte, rispetto al diametro del cerchio, e quindi l'angolo a corno è in realtà un semipiano a cui viene "ritagliato" il cerchio stesso.

Si può presumere che una caratteristica degli angoli a corno sia che presentino una certa "invarianza di scala", e che da questo punto di vista tutti gli angoli a corno siano simili tra di loro. D'altra parte, il rapporto tra l'area di un semipiano e quella di un cerchio di raggio finito è un rapporto del tipo infinito/finito, indifferente al particolare valore finito dell'area del cerchio.

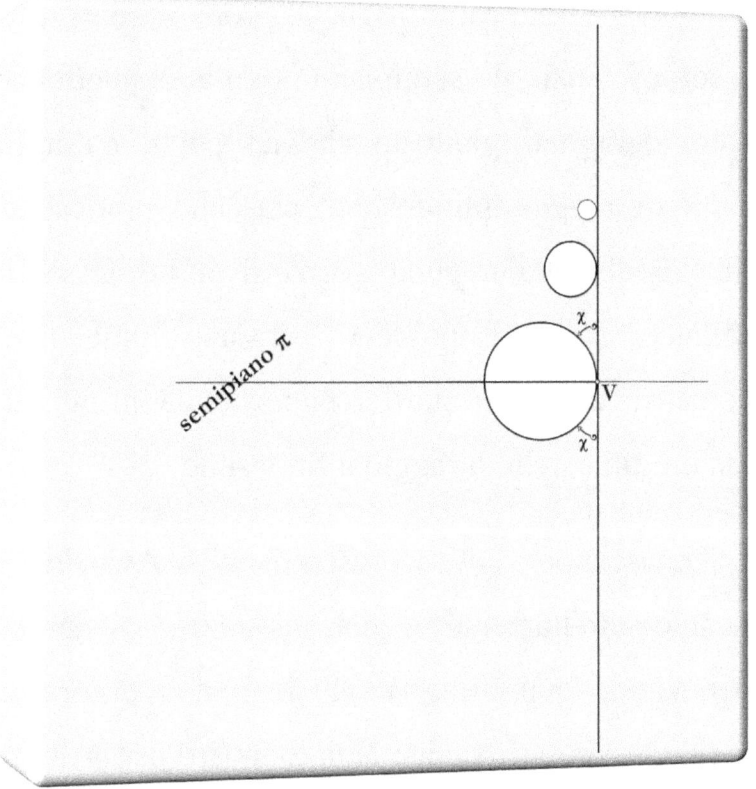

Un'altra considerazione che va oltre le metodologie classiche può essere espressa rapportandosi all'Analisi Non-Standard introdotta nel 1966 da Abraham Robinson (1918 – 1974) che sembra dare uno status logico adeguato agli infinitesimi di Leibniz utilizzando sofisticate tecniche di teoria dei modelli. Su ogni retta che delimiti un semipiano, o su ogni curva regolare (con derivata continua) che delimiti un'area del piano, si può immaginare che insistano infiniti cerchi di raggio infinitesimo ognuno con i suoi angoli a corno; anzi il semipiano o l'area potrebbero essere delimitati piuttosto che da punti, da infiniti cerchi di raggio infinitesimo, ciascuno praticamente indistinguibile da un punto geometrico. Le stesse linee rettilinee o curve possono pensarsi come luoghi geometrici composti indifferentemente da infiniti punti o da infiniti cerchi di raggio infinitesimo…

Tralasciamo questi "esoterismi". Avendo qui ottenuto direttamente e con esattezza la derivata, operando le opportune sostituzioni, non occorre più far riferimento all'Analisi Non-Standard per affrontare il problema degli infinitesimi. In ogni caso, l'opportunità o meno dell'Analisi Non-Standard va approfondita in un ambito meno elementare: vi accenno nel mio volume 3 "L'insostenibile leggerezza

Assiomatica" alle pagine 298–305. Attualmente noi, che abbiamo la fortuna di usufruire del calcolo infinitesimale, ed abbiamo familiarità con metodi che utilizzano il cosiddetto rapporto incrementale e con la corda che tende ad approssimare la tangente in un determinato punto di un arco curvilineo, dovremmo notare subito che Euclide con la sua Proposizione 16 si è imbattuto nelle grandezze infinitesimali, e le ha trattate con correttezza e grande padronanza.

Il tutto diventa ancor più evidente se si considera la figura seguente, dove un punto B si muove lungo l'arco che delimita l'angolo a corno, passando per B', B" ..., avvicinandosi al punto A che è il suo vertice.

Unendo i punti B, B', B" ... con il vertice A si ottengono delle corde che man mano si approssimano alla tangente AT. Mentre gli angoli acuti tra le corde ed il diametro tendono a diventare un angolo retto, senza mai raggiungerlo, l'ampiezza degli angoli acuti tra le corde e la tangente diventa sempre più piccola.

Tutto questo deve aver visto Euclide, e non è molto distante dal fulcro del calcolo infinitesimale.

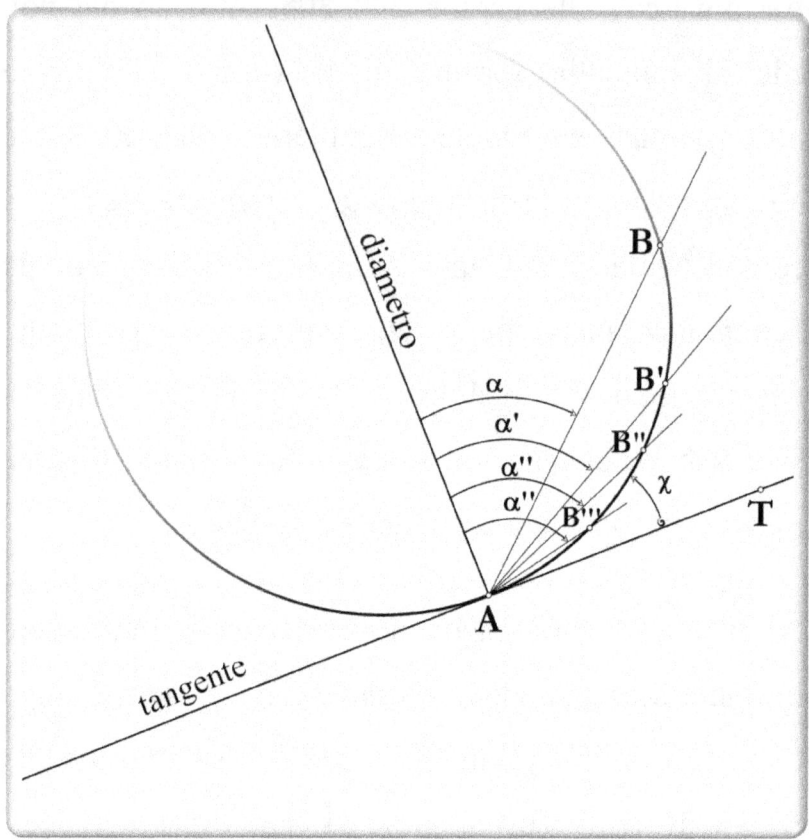

Infine è notevole come Euclide, al contrario di Leibniz che per lungo tempo ha ritenuto gli infinitesimi estremamente piccoli ma finiti e costanti, non sia caduto in alcun errore. Avrebbe potuto affermare che l'ampiezza dell'angolo a corno è molto piccola, oppure zero; invece se ne è astenuto, limitandosi ad affermare che è più piccola di qualsiasi angolo rettilineo acuto.

Inoltre, si può aggiungere come questo risulta ancora più evidente notando che, se si pensa di dividere a metà o ancor più l'ampiezza dell'angolo a corno,

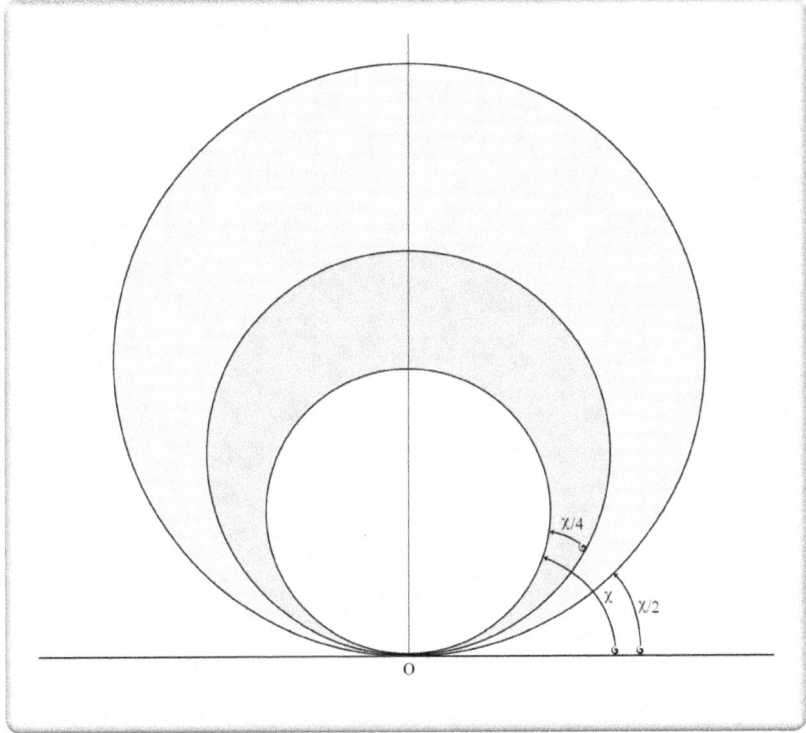

le figure che si ottengono sono delle lunule che avvolgono il cerchio che determina l'angolo iniziale: a tutto somigliano tranne che ad un angolo.

Naturalmente qualcosa è rimasto in sospeso, come necessariamente qualcosa rimane in sospeso con il più recente concetto di grandezza infinitesimale: è in qualche modo assurdo, non esistendo un limite inferiore ai numeri infinitamente piccoli, almeno nei campi archimedei. Per l'analisi standard gli infinitesimi sarebbero solamente delle utili finzioni.

E forse Zenone con i suoi paradossi sarebbe stato dello stesso parere.

FUNZIONI MOSTRUOSE

Tornando al Calcolo, si ritiene generalmente che Weierstrass abbia superato il problema degli infinitesimi imbrigliando la convergenza dei valori delle funzioni con il suo metodo del doppio limite, la cosiddetta teoria statica della variabile. In realtà ritengo che il doppio limite mascheri solamente gli infinitesimi, come già detto a pagina 12.

Lo stesso Weierstrass ha presentato esempi di funzioni continue che non ammettono derivata in nessuno dei loro punti, e si è giunti quindi a concludere che la classe delle funzioni continue è notevolmente più ampia di quelle derivabili.

Infine, si può far riferimento ad alcune funzioni relativamente semplici.

Ad esempio la

$$y = \begin{cases} x \sin\left(\dfrac{1}{x}\right) & \text{per } x \neq 0 \\ 0 & \text{per } x = 0 \end{cases}$$

che nel suo punto (0,0) non ammette derivata, pur essendo del tutto possibile confinarla indefinitamente entro intorni ε e δ piccoli a piacere, quindi proprio con il metodo del doppio limite di Weierstrass.

Segue il grafico, ed il particolare, con gli intorni ε e δ.

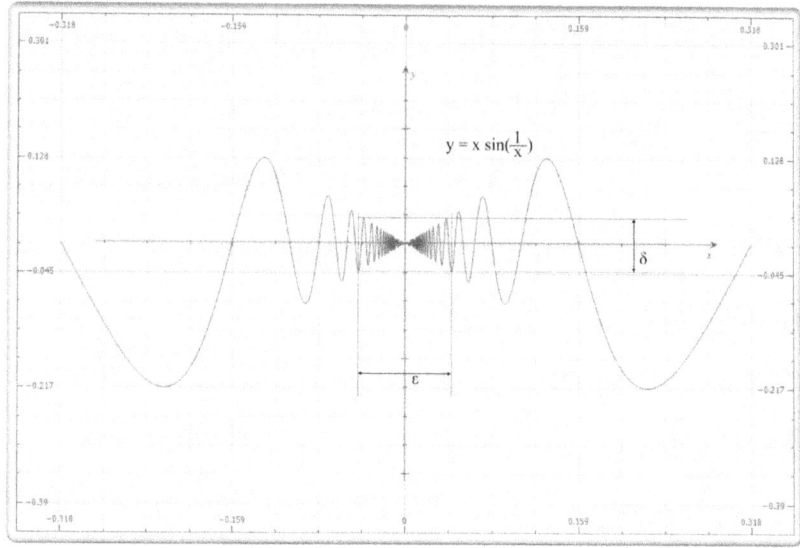

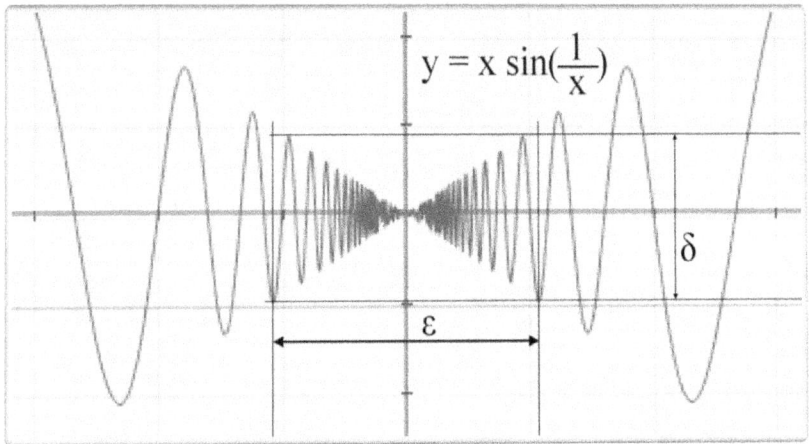

In altre parole, il doppio limite di Weierstrass non garantisce né l'esistenza del punto della funzione intorno al quale si "stringono" gli intorni infinitesimi ε e δ, né l'esistenza della derivata in quel punto. E questo vale sia per funzioni banali come y = |x|, come per quelle particolari funzioni introdotte dallo stesso Weiertrass che, pur continue ovunque, non sono derivabili in nessun punto.

Un esempio è

$$y = -\sum_{n=0}^{7} \left(\frac{2}{3}\right)^n \sin(2^n x)$$

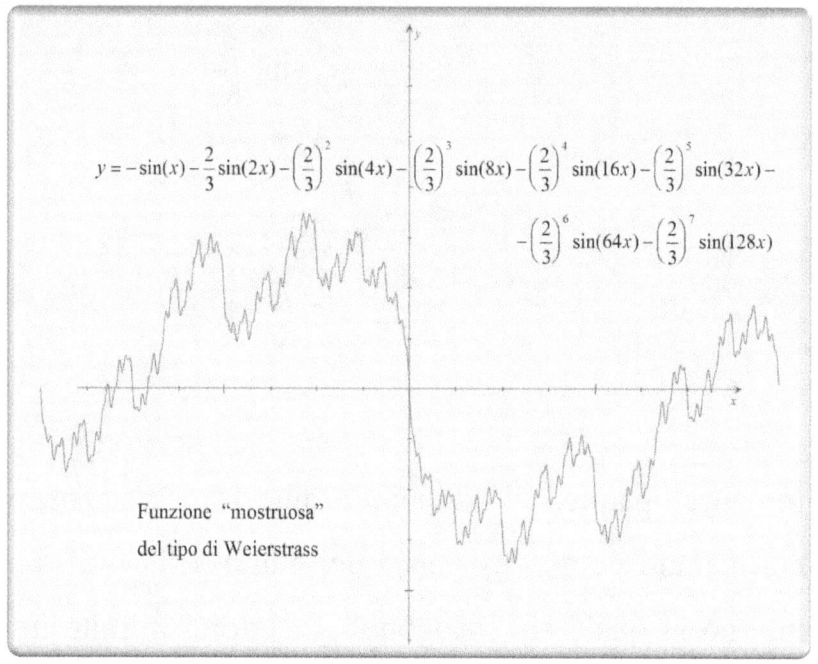

Funzione "mostruosa" del tipo di Weierstrass

Ovvero:

$$y = -\sin(x) - \frac{2}{3}\sin(2x) - \left(\frac{2}{3}\right)^2 \sin(4x) -$$

$$-\left(\frac{2}{3}\right)^3 \sin(8x) - \left(\frac{2}{3}\right)^4 \sin(16x) - \left(\frac{2}{3}\right)^5 \sin(32x) -$$

$$-\left(\frac{2}{3}\right)^6 \sin(64x) - \left(\frac{2}{3}\right)^7 \sin(128x)$$

che, proseguendo per $n \to \infty$, cioè sinteticamente

$$y = -\sum_{n=0}^{\infty} \left(\frac{2}{3}\right)^n \sin(2^n x)$$

diventa infinitamente frastagliata ad ogni scala ed ingrandimento, tanto da essere catalogata tra i frattali.

Quindi, pur essendo continua, non è ritenuta derivabile in nessuno dei suoi punti.

Penso però che non si tratti solo di questo.

Infatti, la derivata di una somma di termini derivabili, sia pur di infiniti termini, coincide con la somma delle derivate di tali termini.

Per la precedente funzione avremo

$$y' = -\sum_{n=0}^{\infty} \left(\frac{2}{3}\right)^n 2^n \cos(2^n x)$$

ed in particolare il grafico di

$$y' = -\sum_{n=0}^{7} \left(\frac{2}{3}\right)^n 2^n \cos(2^n x) = -\sum_{n=0}^{7} \left(\frac{4}{3}\right)^n \cos(2^n x)$$

risulta essere questo:

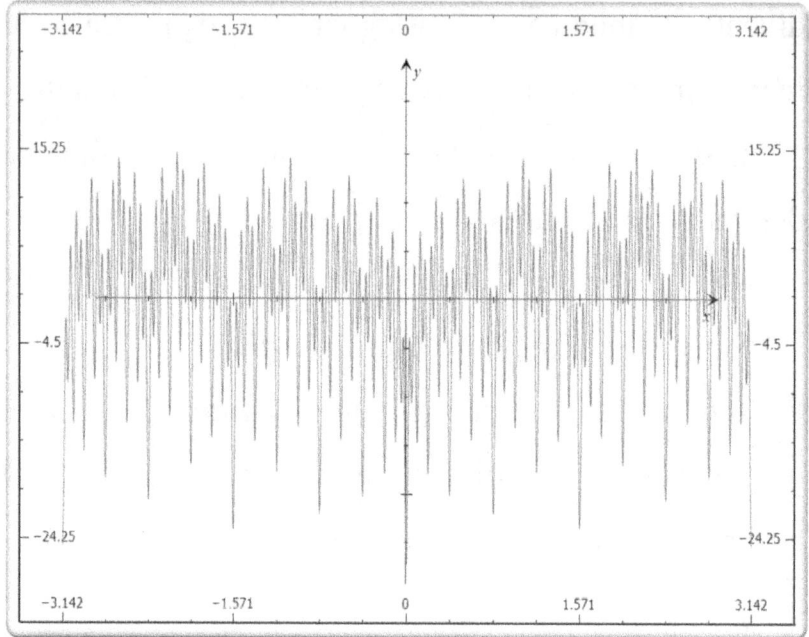

ovvero, la derivata per ogni n finito oscilla e si mantiene finita entro un certo intervallo. Ad esempio per n = 7 oscilla tra − 25 e + 15 circa.

Il termine $(4/3)^n$ ci suggerisce però che quando n tende ad infinito anche se la funzione y(x) si mantiene finita, la sua derivata diverge, alternando sempre più rapidamente i suoi valori tra − ∞ e + ∞.

Ma non per tutte le funzioni di questo tipo la derivata diverge.

Ad esempio per la funzione

$$y = -\sum_{n=0}^{\infty} \left(\frac{1}{3}\right)^n \sin(2^n x)$$

il cui grafico, per n = 7, è

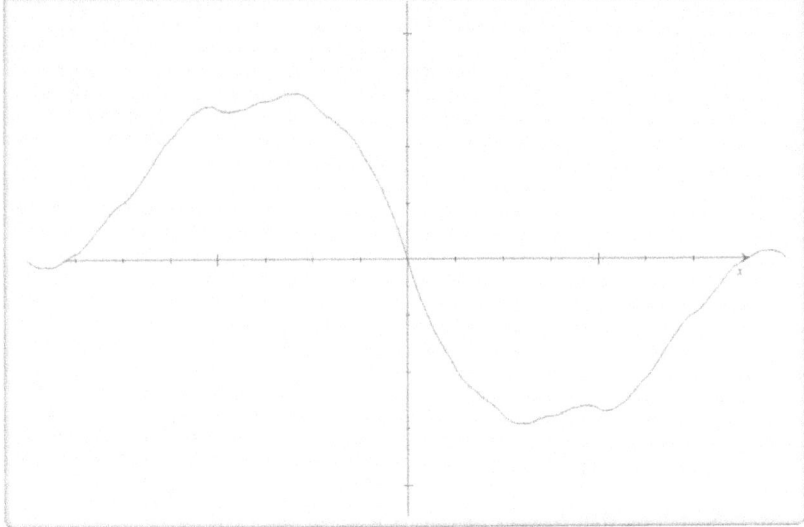

la derivata è

$$y' = -\sum_{n=0}^{\infty} \left(\frac{2}{3}\right)^n \cos(2^n x)$$

ed è del tutto equivalente, in quanto a complessità, alla funzione vista precedentemente. Segue il grafico:

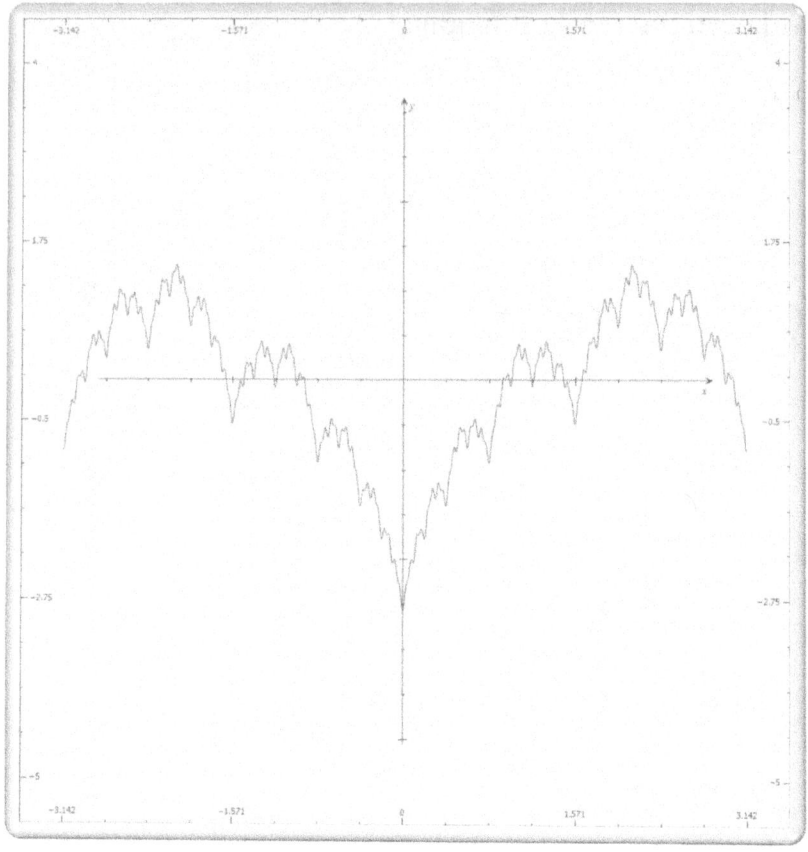

La derivata prima non diverge, ma il lettore potrà constatare facilmente che sarà la derivata seconda ad avere le stesse caratteristiche della derivata prima della funzione precedente, e divergerà...

Tuttavia, non bisogna pensare che questo tipo di funzioni siano poi così irrimediabilmente strane ed esoteriche, anche se correntemente le si definisce come "mostruose". Basti pensare che anche la normalissima e liscia funzione y = sin(x) può essere scritta e rappresentata graficamente nella forma del suo sviluppo di Taylor in serie di potenze.

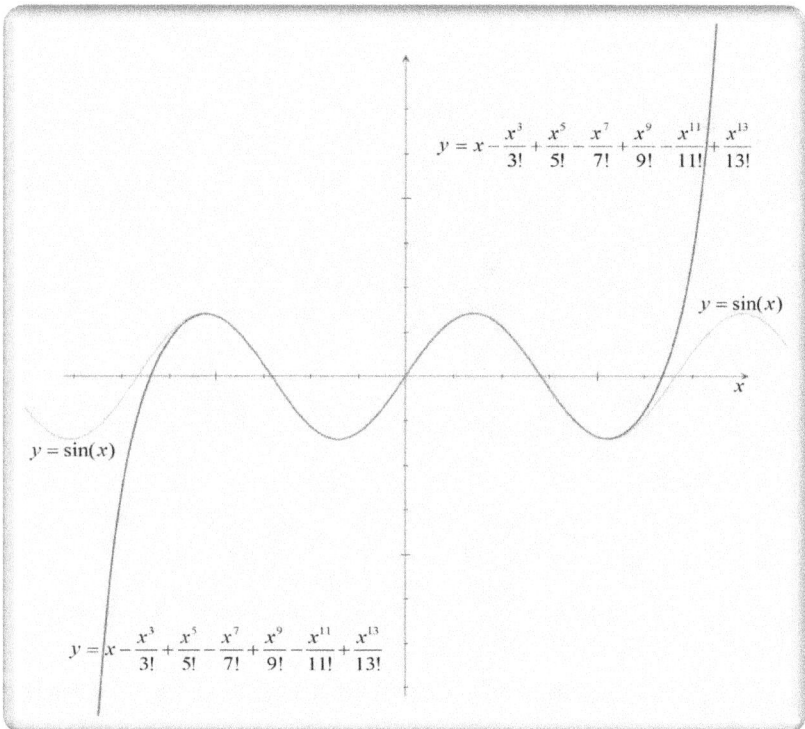

Nel grafico qui sopra sono confrontate la funzione seno ed il suo sviluppo troncato a soli 7 termini: si può facilmente intuire come il "mostruoso" sviluppo con tutti i suoi infiniti termini semplicemente coinciderà con la funzione seno.

$$y = \sin(x) = x - \frac{x^3}{3!} + \frac{x^5}{5!} - \frac{x^7}{7!} + \frac{x^9}{9!} - \frac{x^{11}}{11!} + \frac{x^{13}}{13!} - \frac{x^{15}}{15!} + \ldots$$

Le funzioni "mostruose" di Weiertrass come la

$$y = -\sum_{n=0}^{\infty}\left(\frac{2}{3}\right)^n \sin(2^n x)$$

sono in definitiva del tipo

$$y = -\sum_{n=0}^{\infty}\left(\frac{h}{k}\right)^n \sin(2^n x)$$

con derivata

$$y' = -\sum_{n=0}^{\infty}\left(\frac{2h}{k}\right)^n \cos(2^n x)$$

Allora, la funzione $y(x)$ non divergerà solo se avremo $h < k$; ed a sua volta, la derivata prima $y'(x)$ non divergerà solo se avremo $2h < k$, come nel secondo esempio a pag. 89. Resterà però da capire cosa possa significare per una funzione continua, e con derivata prima continua in ogni punto, che non esista, o sia non finita, la derivata seconda che corrisponde alla sua curvatura.

Infine, la derivata i-esima

$$y^i = -\sum_{n=0}^{\infty} \left(\frac{2^i h}{k}\right)^n \cos(2^n x)$$

non divergerà solo se avremo $2^i h < k$.

D'altra parte però, introducendo nuove funzioni scritte sotto forma di successioni, ovviamente convergenti, certamente emerge qualche nuova caratteristica. Anche se non sempre, come nel caso delle funzioni ordinarie scritte nella forma dello sviluppo di Taylor in serie di potenze.

Da notare ancora, che queste successioni non sono altro che successioni di Cauchy, le quali rappresentano il modo più notevole di descrivere i numeri reali. Abbiamo quindi delle collezioni infinite di numeri reali, per lo più irrazionali o trascendenti, ordinate in strutture che sarebbe interessante approfondire.

- EPILOGO -

A chiusura di questo libretto, si può concludere: è opportuno evitare il più possibile gli evanescenti infinitesimi che portano a varie contraddizioni logiche e non riescono ad essere soddisfacenti negli esempi pratici. Anzi, come penso di concludere a pag. 305 del mio ultimo volume "L'insostenibile leggerezza Assiomatica", gli infinitesimi non appaiono essere enti matematici effettivi, bensì non possono esprimere che un processo di avvicinamento infinito allo zero, col quale si identificano.

Naturalmente il concetto di limite introdotto da Cauchy risulta molto utile. Come nell'analisi delle relazioni tra x, $\sin(x)$ e $\tan(x)$, per piccoli valori della variabile x. Riesce anche adeguato nel controllare espressioni come sin(x)/x e tan(x)/x.

Ed il concetto di limite non è certo aggirabile. Basta pensare che viene persino utilizzato per definire il valore di una costante importantissima come il numero di Eulero *e*. Tuttavia, anche i limiti possono intendersi, esattamente come le successioni di Cauchy, come un processo di avvicinamento infinito ad un determinato valore, un numero reale, sia che si intenda che esso effettivamente esista o meno.

Quel che conta nel calcolo infinitesimale – ormai non si può fare a meno di chiamarlo così – non è di evitare di coinvolgere i limiti a tutti i costi: non ce n'è motivo. È importante non utilizzare il concetto di limite, e quindi quello di infinitesimo, direttamente nel meccanismo proprio della derivazione; ad esempio operando quelle opportune sostituzioni che fanno **esattamente coincider**e il punto B con il punto A, senza che invece vi si debba approssimare indefinitamente, rimanendo invischiati nelle considerazioni sulle distanze infinitesime.

Credo di esserci riuscito.

Pinerolo (TO) 2007 – 2013

indice analitico

Apollonio, 2, 5, 73–74
Archimede, 2, 73
   archimedei campi, 82
Aristotele, 2
Berkeley, 10–11
calcolo
   infinitesimale, 1, 5, 7, 10, 79, 96
   integrale, 2
Cauchy, 11, 93, 95–96
coefficiente angolare, 8, 11, 13, 14, 16, 18, 23
funzione
   composta, 55, 60
   derivata della, 13, 18, 28, 53, 83
   di funzione, 60
   differenziale della, 26
   esponenziale, 43, 53, 65
   integrare la, 2
   inversa, 63, 65–71
   iperbolica, 43, 48–52
   limite di, 2, 7
   tempo del, 11, 16
   trigonometrica, 25, 31, 37–42
Goethe, 5
grandezza infinitesimale, 74, 81
incrementi, 8, 26, 28, 31, 56, 64

infinitesimi, 1, 7-12, 17, 78, 83, 95
Ipazia, 3
Leibniz, 5, 7, 9, 17, 73, 78, 80
limite
   concetto di, 2, 7, 11, 12, 95–96
   doppio, 12, 17, 83–85
   funzione di una, 2, 7, 24, 53
   inferiore, 81–82
metodo
   doppio limite del, 12, 17, 83–84
   esaustione di, 2
   incrementi finiti degli, 28
   reductio ad absurdum della, 2
   Weierstrass di, 11, 17, 84–85
Newton, 5, 7, 17, 74
Omar, 4
Pisano Leonardo (Fibonacci), 4
rapporto incrementale, 8–9, 11, 79
teoria
   colore del, 5
   modelli dei, 78
variabile
   x, 16, 18, 27, 34, 45, 96
   indipendente, 16, 26
Weierstrass, 11–12, 17–18, 83–85
Zenone, 2, 17, 82

Bibliografia

BONOLA Roberto, 1906, *"La geometria non-euclidea"*, Nicola Zanichelli Editore, Bologna già Modena.

GIUSTINI Pietro Alessandro, 1974, *"Da Euclide ad Hilbert"*, Bulzoni Editore S.r.l., Roma.

BOYER Carl B., 1968, "A History of Mathematics", John Wiley & Sons, Inc, 1976 – 1990, *"Storia della matematica"*, Arnoldo Mondatori Editore S.p.A., Milano, ISBN 88-04-33431-2.

AGAZZI Evandro – PALLADINO Dario, 1998, "Le geometrie non euclidee e i fondamenti della geometria dal punto di vista elementare", Editrice La Scuola, Brescia, ISBN 88-350-9450-X.

KLINE Morris, 1972, "Mathematical Thought from Ancient to Modern Times", Morris Kline, 1991 – 1999, "Storia del pensiero matematico", Giulio Einaudi Editore S.p.A., Torino, ISBN 88-06-15418-4.

MACRÌ Rocco Vittorio, 2002, *"I FLOP nella trattazione relativistica del tempo"* in "La natura del tempo" a cura di Franco Selleri, Edizioni Dedalo S.r.l., Bari, ISBN 88-220-6251-5.

ODIFREDDI Piergiorgio, 2003, "Divertimento geometrico", Bollati Boringhieri Editore S.r.l., Torino, ISBN 88-339-5714-4.

ACZEL Amir D., 2000-2005, "Il mistero dell'alef", Net Periodico settimanale, Milano, ISBN 88-515-2233-2.

Collana   *"le matematiche"*

Collana   *"FlashMath"*

"arte e poesia"

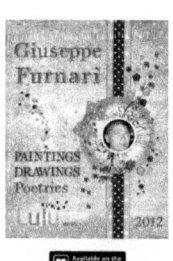  

annotazioni

www.ingramcontent.com/pod-product-compliance
Lightning Source LLC
Chambersburg PA
CBHW072216170526
45158CB00002BA/624